Sensomotorisches PFERDETRAINING

Liebe Leser*innen,

wir freuen uns, dass wir Ihnen mit unserem Buch neue Inspiration liefern dürfen und hoffen, es wird Ihnen gefallen. Weitere Leseabenteuer mit verbriefter Fachinformation finden Sie auf **www.cadmos.de**. Wenn Sie mit uns in Verbindung treten oder Ihre Erfahrungen teilen wollen, dann tun Sie das bitte unter:

https://www.facebook.com/cadmosverlag
https://www.instagram.com/cadmosverlag
oder per Mail an info@cadmos.de

Wir freuen uns schon jetzt über Ihr Feedback!

ISBN: 978-3-8404-1537-1, 1. Auflage 2024

Deutsche Nationalbibliothek - CIP-Einheitsaufnahme

Die Deutsche Nationalbibliothek verzeichnet diese Publikation in der Deutschen Nationalbibliografie; detaillierte bibliografische Daten sind im Internet über http://dnb.ddb.de abrufbar.

Viel Freude mit diesem Buch wünscht Ihnen Ihr CADMOS-Team:

Autor*in: Karolina Kardel
Covergestaltung, grafisches Konzept: Gerlinde Gröll
Satz: Greta Griensteidl
Lektorat: Agnes Trosse
Korrektorat: Martin Betz
Fotos Umschlag: Andrea Zachrau

Wir übernehmen Verantwortung:

Dieses Buch wurde anhand ausgewählter Qualitätskriterien ressourcenschonend und schadstofffrei in Cadmos-Qualität für Sie hergestellt. Das verwendete Papier für Kern und Cover ist FSC©-zertifiziert, der Druck erfolgte CO_2-neutral.

Der Inhalt ist auf Magno matt 135 g/m^2 mit 1,01 Volumen für Sie gedruckt, ein matt gestrichenes Bilderdruckpapier, das die Farben leuchten lässt und dem Inhalt einen hochwertigen Charakter verleiht.

Das Cover wurde auf Peyvida puro 270 g/m^2 gedruckt, einem Naturkarton mit ansprechender Optik und Haptik. Auf Laminierung und Einschweißen in Plastikfolie verzichten wir – für unsere Umwelt und unsere Zukunft.

Gedruckt und gebunden wurde dieses Buch in der EU (wir wollen lange Transportwege vermeiden) bei unserem langjährigen, bewährten Druckpartner GRASPO (www.graspo.com).

FSC www.fsc.org
MIX
Papier | Fördert gute Waldnutzung
Paper | Supporting responsible forestry
FSC® C010798

Product footprint
CO_2 Neutral
PBN-CFMC-059235
www.preferredbynature.org

Uns ist wichtig:

Sicherheitstipp: Tragen Sie bei der Arbeit mit Ihrem Pferd stets Handschuhe: Das schützt Sie vor Verletzungen bei eventuellen Panikreaktionen.

Gender-Erklärung: Alle Geschlechter sollen sich gleichermaßen wahrgenommen und wertgeschätzt fühlen. Im Sinne eines flüssigen Lesevergnügens verzichten wir jedoch auf die Verwendung von geschlechterspezifischen Sprachformen (m/w/d). Sämtliche Personenbezeichnungen gelten gleichermaßen für alle Geschlechter!

Haftungsausschluss: Wir haben den Inhalt dieses Buches nach bestem Wissen geprüft. Für die Richtigkeit der Angaben und eventuelle Schäden, die aufgrund von Beschlüssen und Handlungen, die anhand der gegebenen Informationen getroffen wurden, wird trotz sorgfältiger Recherche keine Haftung übernommen. Im Zweifelsfall ziehen Sie bitte geschulte Fachleute zurate.

KAROLINA
KARDEL

Sensomotorisches PFERDETRAINING

Mit Leichtigkeit und Freude zu einem besseren Körpergefühl

CADMOS

Inhalt

Für
JORIS

Gezielt eingesetzte sensorische Reize können zu einer Verbesserung des motorischen Outputs beitragen. Foto © Andrea Zachrau

1

EINLEITUNG

Was ist Sensomotoriktraining und wie kann mein Pferd davon profitieren?

Wir Menschen sind kognitiv in der Lage, uns eine Bewegung vorzustellen. Nicht ohne Grund sind Konzepte, die mit Bewegungsvorstellungen arbeiten, wie Centered Riding, Reiten mit Feldenkrais oder die Alexander-Technik, so effektiv. Allein durch den Gedanken an eine bestimmte Bewegung werden neuronale und muskuläre Prozesse in Gang gesetzt. Wenn ich dich bitte, dir vorzustellen, du wärst eine Marionette und wirst an einem Bindfaden an deinem Kopf nach oben gezogen, wirst du größer und richtest dich auf. Pferden eine Bewegungsvorstellung allein über Worte und Bilder zu vermitteln, ist nicht möglich. Bilder und Bewegungsvorstellungen, z. B. vom Pegasus mit Flügeln, funktionieren beim Pferd höchstens dadurch, dass sich unsere Körperspannung aufgrund dieser Bilder ändert. Damit das Pferd mit der Hinterhand Last aufnimmt und über den Rücken schwingt, kannst du deinem Pferd stattdessen aber mit gezielten Übungen helfen, seinen Körper besser wahrzunehmen und einzusetzen. Beim sensomotorischen Training setzen wir gezielt Reize, auf die der Körper des Pferdes reagiert und die dazu beitragen, Körperwahrnehmung und Optimierung der motorischen Ansteuerung – also der Bewegung – zu verbessern. Nutzt du beispielsweise dicht hintereinanderliegende Stangen, die von deinem Pferd einen großen Schritt erfordern und es dazu bringen, mit seiner Hinterhand stärker unterzutreten, zeigst du ihm, welche Bewegungsmöglichkeiten es hat. Wiederholst du dies regelmäßig, geht die Bewegungsidee ins motorische Gedächtnis über und dein Pferd tritt in Zukunft auch beim Reiten stärker unter. Verstärken kannst du den Effekt, indem du ein Körperband verwendest oder dein Pferd gezielt berührst. Auf diese Weise kannst du auch alte, erlernte

Mehrere hintereinander liegende Stangen erfordern einen großen Schritt von deinem Pferd und geben ihm eine neue Bewegungsidee für seine Hinterhand. Foto © Andrea Zachrau

unphysiologische Bewegungsmuster verändern, weil du dein Pferd andere Bewegungsmuster wahrnehmen und in das eigene Bewegungsschema integrieren lässt.

Sensomotorik setzt sich zusammen aus den Begriffen Sensorik und Motorik. Sensorik beschreibt die Wahrnehmung von sensorischen Informationen durch die Nervenzellen und die Informationsweiterleitung an das zentrale Nervensystem (Gehirn und Rückenmark), das diese speichert, verarbeitet und interpretiert. Dieser Prozess der Wahrnehmungsverarbeitung wird sensorische Integration[1] genannt. Motorik beschreibt die daraufhin erfolgende Ansteuerung der Muskeln und die daraus resultierende Muskelanspannung, die wiederum für Körperbewegung sorgt. Sensomotorik lässt sich somit beschreiben als ein Zusammenspiel der Sinnesorgane, des Nervensystems und der Muskulatur. Mithilfe seiner Sinne nimmt dein Pferd seine Umwelt wahr. Sensorische Informationen können visuell (Sehen), taktil-kinästhetisch (Fühlen und Bewegen), vestibulär (Gleichgewicht), auditiv (Hören), olfaktorisch (Riechen) oder gustatorisch (Schmecken) aufgenommen werden. Die verschiedenen Sinnessysteme arbeiten dabei immer auch als Team und erstellen so ein möglichst umfassendes Umgebungsbild, auf Grundlage dessen Bewegung und Verhalten entstehen. Das Ziel dabei ist, der momentanen Situation entsprechend angemessen zu reagieren.

Was heißt das? Mit den Augen siehst du, wo du dich im Raum befindest, mit den Ohren hörst du Stimmen und Geräusche, die zur Orientierung beitragen. Taktile Informationen sind Wärme, Kälte, Berührungen, die Dehnung der Haut oder die Beschaffenheit von Oberflächen wie zum Beispiel der Kleidung. Dank des

Geruchs- und Geschmackssinns kannst du Nahrungsmittel riechen, schmecken und erkennen, ob sie für dich genießbar sind. Hinzu kommen vestibuläre Reize wie Schwerkraft oder Beschleunigungsreize, auf die du mit Muskelspannung reagierst, sowie propriozeptive Reize aus dem Körperinneren, die analysieren, in welcher Position sich dein Körper befindet, wie die einzelnen Gliedmaßen zueinander stehen, ob ein Muskel angespannt und ein Gelenk gebeugt ist.

Genau wie bei dir, ist es auch bei deinem Pferd. Es weiß anhand der wahrgenommenen und verarbeiteten sensorischen Informationen, wie es sich bewegt und wie sein Körper in der jeweiligen Situation reagieren muss. Das Wahrnehmen und Verarbeiten von Reizen und die Unterscheidung von wichtigen und unwichtigen Informationen ist hierfür eine wichtige Voraussetzung. Steht ein Hindernis im Weg, wird es entweder umrundet oder übersprungen. Ist der Weg matschig, bewegt sich dein Pferd vorsichtiger. Um adäquat auf diese äußeren Umstände reagieren zu können, braucht es zunächst Erfahrungswerte. Hat dein Pferd einmal die ungenehme Erfahrung gemacht, dass die Litze am Zaun einen schmerzhaften Stromschlag verursacht, wird es sie nicht mehr berühren wollen - das ist wie bei dir mit der heißen Herdplatte.

Zum Sensomotoriktraining kam ich über meine Ausbildung zur zertifizierten Pferdeergotherapeutin nach PFERGO-Pferdeergotherapie®, der ersten Akademie für Pferdeergotherapie, im Jahr 2018 und der anschließenden Fortbildung zum Physio-Riding®-Coach. Die Pferdeergotherapie entspricht der Idee der Ergotherapie im Humanbereich: So wie ein Ergotherapeut einen Menschen dabei unterstützt, seine Handlungsfähigkeit im Alltag zu fördern oder wiederherzustellen, unterstützt der Pferdeergotherapeut Pferde dabei, ihren vom Menschen bestimmten Alltag bestmöglich zu meistern. Themen und Problemfelder, die mir da begegnen, sind Pferde, die Probleme haben, sich einsprühen oder scheren zu lassen, die stolpern, die verletzungsbedingt lange Zeit standen und ihr Körpergefühl verloren haben, die sich nicht longieren lassen oder Ähnliches. Weil wir mit Pferden nicht sprechen können, die verbale Kommunikation in der Ergotherapie aber eine wichtige Rolle spielt, kann sie nur in modifizierter Form aufs Pferd übertragen werden. Kernthema der Pferdeergotherapie ist die Sensorische Integration, das heißt die Wahrnehmungsverarbeitung der Sinne und schwerpunktmäßig der drei Basissinne taktiles, propriozeptives und vestibuläres System.[2] Physio-Riding® ist ein ganzheitliches Trainingskonzept, das die Pferdephysiotherapie mit klassischer Reitlehre verbindet. Als Physio-Riding®-Coach schaue ich mir zum Beispiel an, welche Muskeln an einem Bewegungsablauf beteiligt sind und ob diese möglicherweise aufgrund von Verspannungen oder fehlerhafter Einwirkung des Reiters in ihrer Arbeit behindert werden, wenn der Bewegungsablauf nicht adäquat funktioniert.

Im selben Jahr, in dem ich die Ausbildung zur Pferdeergotherapeutin machte, stieß ich zudem auf die Trainingsphilosophie Intrinzen, die von der Amerikanerin Kathy Sierra gemeinsam mit dem Isländer Steinar Sigur-

[1] Der Begriff sensorische Integration geht zurück auf die amerikanische Entwicklungspsychologin Anna Jean Ayres, die die Wahrnehmungsverarbeitung von Sinnesreizen durch das zentrale Nervensystem als Grundlage motorischer Handlungen betrachtete und schlussfolgerte, dass motorische Störungen das Ergebnis einer nicht adäquaten sensorischen Wahrnehmungsverarbeitung im Gehirn sind. Darüber schrieb sie in ihrem Buch „Bausteine der kindlichen Entwicklung", das erstmals 1979 erschien.

[2] Katzenberger-Schmelcher/Katzenberger: Ergotherapie für Pferde. Basissinne schulen - Koordination und Wahrnehmung verbessern. Thieme Verlag, 2019

Werden eigene Bewegungsideen positiv verstärkt, weiß das Pferd, dass es sich lohnen kann, solche Bewegungen in Zukunft häufiger zu zeigen. Ein motorisches Gedächtnis wird gebildet. *Foto © Karolina Kardel*

björnsson entwickelt wurde.[3] Hinter Intrinzen steckt eine Trainingsphilosophie, bei der Erkenntnisse der Motivationswissenschaft mit moderner Bewegungslehre verknüpft und auf das Pferd übertragen wurden. Intrinzen steht im Gegensatz zu konventionellen Trainingsansätzen, in denen es viel um Bewegungskontrolle geht. Statt mit konventionellen Übungen werden die Pferde mithilfe spielerischer Bewegungsanreize motiviert, ihre Freude an den natürlichen und physiologischen Bewegungen (wieder) zu entdecken. Intrinzen hat mich vor allem in Bezug auf das Bewegungslernen sehr inspiriert und mein Training bis heute nachhaltig verändert. Im konventionellen Training haben wir häufig eine exakte Bewegungsvorstellung, die das Pferd ausführen soll. Im Intrinzen-Kontext gibt es diese starren Regeln nicht. Anstatt konkrete Bewegungen anzutrainieren, werden vom Pferd selbst gezeigte Bewegungsideen positiv verstärkt.

Mit diesem Hintergrundwissen fing ich an, unterschiedliche Reize in klassische Trainingseinheiten einzubauen und damit zu experimentieren. Schon vor Beginn der Pfergo-Ausbildung habe ich mit meinem Islandpferd Sleipnir regelmäßig mit dem Podest und der Zweibeinwippe gearbeitet, war mir des Ausmaßes ihrer Bedeutung und Wirkung aber nicht bewusst. Stattdessen habe ich diese Trainingstools als schöne Abwechslung betrachtet. Mit meinem neuen Wissen wurden sie Bestandteil von klassischen Trainingseinheiten und halfen mir dabei, Balance, Stabilität und Koordination zu

[3] Vgl. www.intrinzen.horse, abgerufen am 27.04.2023

verbessern und Bewegungsmuster zu optimieren. Den positiven Effekt dieser ergänzenden Übungen konnte ich sehr gut an meinem Pferd beobachten: Es wurde stärker, selbstbewusster und konnte sich immer besser bewegen. Sleipi fiel es vorher zum Beispiel jahrelang sehr schwer, gezielt anzuhalten. Er brauchte immer ein paar Schritte, bis er stand. An diesem Problem habe ich über die Jahre hinweg mit unterschiedlichen Trainingsansätzen gearbeitet, aber nichts brachte einen wirklichen Erfolg – bis wir mit dem Sensomotoriktraining anfingen und sich Koordination und Stabilität verbesserten. Heute weiß ich, dass seine Schwierigkeiten stehen zu bleiben ein Zeichen von Balanceproblemen und schlechter Koordination waren.

Die größte Veränderung zeigte sich aber an seinem Tölt: Sleipi ist zwar ein Viergänger, tölten konnte er aber viele Jahre lang nicht. Dies lag nicht zuletzt an seinem Exterieur mit langem Rücken und eher kurzen Beinen. Tölt hätte er nur gezeigt, wenn man ihn mit viel Druck eingefordert hätte. Den brauchte es aber gar nicht, denn nachdem wir mit dem Sensomotoriktraining begonnen hatten, zeigte Sleipi den Tölt immer häufiger freiwilig unter dem Reiter und mittlerweile lässt er sich problemlos tölten. Auch hier spielten die Verbesserung von Balance, Stabilität, Koordination und Körperwahrnehmung eine wichtige Rolle. Aber nicht nur Sleipi zeigt mir seit vielen Jahren, wie effektiv es ist, gezielte Reize im Training zu setzen. Auch von den Besitzern zahlreicher Kundenpferde, wie etwa dem Wallach, der zuvor stark stolperte, oder der Stute, die nicht geschlossen stehen konnte, bekomme ich positives Feedback.

Beim Sensomotoriktraining setze ich gezielt unterschiedliche Reize ein, auf die der Körper eines Pferdes reagieren muss. Durch ungewohnte und unbekannte Bewegungsaktivitäten werden Wahrnehmungsleistungen erforderlich, die das Zusammenspiel der Sinne verbessern und komplexe Anpassungsreaktionen anstoßen können. Die Sinnessysteme brauchen Input, um adäquat zu funktionieren und sich weiterzuentwickeln. Dies wiederum unterstützt das Gehirn dabei, sich und seinen Körper besser organisieren zu können. Indem wir bewusst die Sinnessysteme und das Gehirn ansprechen und so das Zusammenspiel von Nervensystem als Informationsgeber, des Gehirns als Schaltzentrale und der Muskeln als ausführende Instanz verbessern, verbessern wir auch die fünf grundmotorischen Fähigkeiten Beweglichkeit, Kraft, Koordination, Schnelligkeit und Ausdauer und damit am Ende die Bewegungsqualität des Pferdes. Das Zusammenspiel von Nervensystem, Muskulatur und Gehirn wird Koordination genannt und unser Ziel beim Sensomotoriktraining ist, die Geschwindigkeit und die Qualität von Reizaufnahme, Reizverarbeitung und muskulärer Reaktion – also die Koordination – zu verbessern. Je besser und schneller die wahrgenommenen Informationen an das Gehirn geleitet und dort verarbeitet werden und je schneller der Körper reagiert, desto sicherer, ausbalancierter und stabiler ist die Bewegung und damit die Reaktion auf die gegebene Situation. Dies gilt disziplinenübergreifend für Dressurpferde ebenso wie für Spring- und Gangpferde.

Das klingt abstrakt? Ich möchte dir ein paar Beispiele nennen, die du sicherlich aus deinem Pferdealltag kennst.

Beispiel 1: Aufsitzen

Steigen wir auf ein Pferd, stellen wir meistens unseren linken Fuß in den linken Steigbügel und schwingen dann mit dem rechten Bein über den Sattel, bis wir auf dem Pferderücken zum Sitzen kommen. Hierbei wirken große

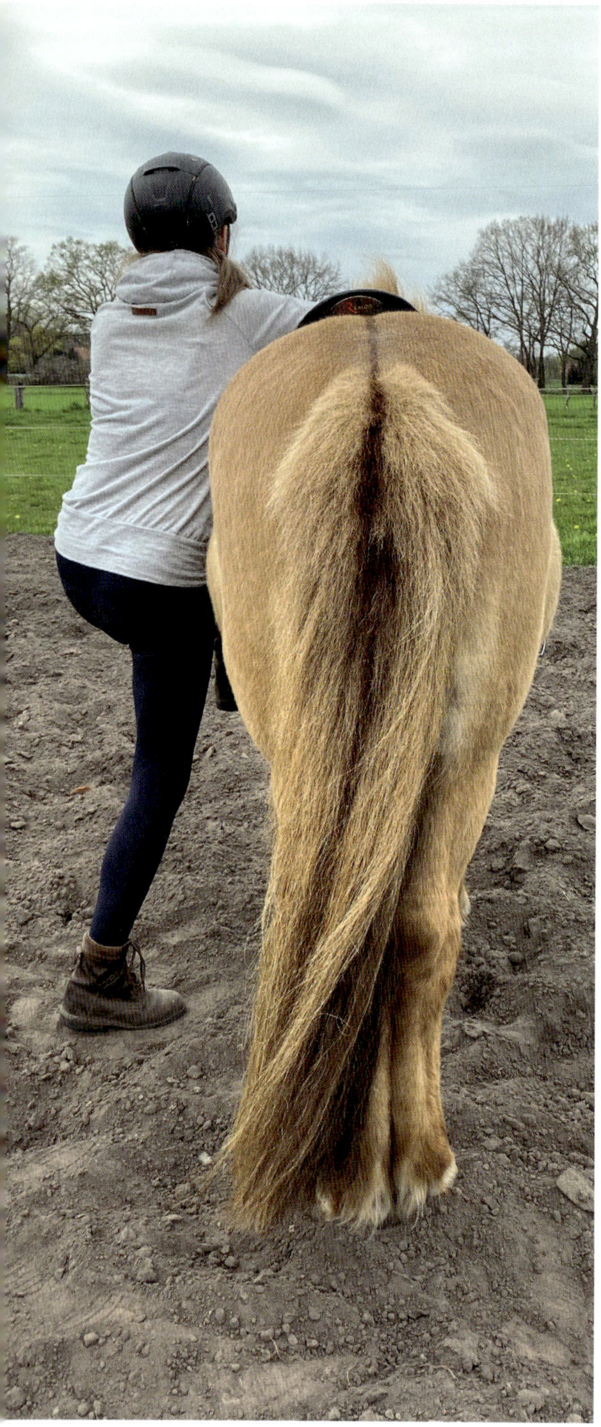

Kräfte auf das Pferd ein, die wir Menschen häufig nicht wahrnehmen, die unser Pferd aber kompensieren muss. In dem Moment, in dem wir Reiter uns vom Boden abdrücken und für einen Moment seitlich am Sattel hängen, bringen wir unser Pferd aus der Balance. Wir verändern kurzzeitig die Körperfläche, die es auf der Unterstützungsfläche auszubalancieren gilt, und damit die Statik, und wir setzen starke vestibuläre Reize unter anderem aufgrund der Schwerkraft, die unser eigenes Gewicht nach unten zieht.

Unser Pferd muss in dem Moment, in dem wir unser Standbein vom Boden lösen, prompt reagieren und sich adäquat stabilisieren können. Vor allem für junge sowie für untrainierte Pferde, denen Muskulatur fehlt, ist dies eine große Herausforderung und bedeutet nicht selten Stress. Um die entstandene Dysbalance auszugleichen und die verlorene Stabilität wieder herzustellen, laufen diese Pferde beim Aufsitzen los. Oft wird das Loslaufen, das dem Pferd zur Wiederherstellung seiner Balance dient, bestraft. Dadurch entsteht zunehmend eine Situation, in der das Pferd Stress hat. Im schlimmsten Fall lässt es irgendwann niemanden mehr auf seinen Rücken steigen und gilt zu Unrecht als schwierig. Mithilfe von Sensomotoriktraining kannst du dein Pferd dabei unterstützen, die Standstabilität im Sinne der statischen posturalen Kontrolle zu verbessern, um damit den Moment des Aufsitzens besser ausbalancieren zu können. Statt am Problem Aufsitzen zu arbeiten, bieten sich hier gezielte Bewegungsübungen und das Training mit instabilen Untergründen an, um dafür zu sorgen, dass

Beim Aufsitzen ohne Aufsteighilfe wirken starke vestibuläre Reize auf das Pferd ein, auf die es adäquat reagieren muss, um die Balance nicht zu verlieren. *Foto © Karolina Kardel*

dein Pferd mit den Reizen, die beim Aufsitzen entstehen, gut umgehen und sich adäquat stabilisieren kann.

Beispiel 2: Vohandlastigkeit

Vorhandlastigkeit ist ein weit verbreitetes Problem. Pferde, die ihr Gewicht zu sehr nur auf der Vorhand tragen, bewegen sich ungesund. Sie belasten auf diese Weise ihre vorderen Gliedmaßen übermäßig und über kurz oder lang können Erkrankungen des Bewegungsapparates entstehen. Vorhandlastige Pferde sind unausbalanciert. Ihr Schwerpunkt ist zu weit vorn und sie laufen diesem ständig hinterher. Durch das vermehrte Gewicht auf den Vordergliedmaßen bleiben diese länger am Boden und es kommt zu Taktfehlern. Je nachdem, wie stark die Vorhandlastigkeit ausgeprägt ist, entsteht zudem eine Stolperproblematik, die das Reiten sehr gefährlich machen kann. Den Effekt der Vorhandlastigkeit kannst du selbst erfahren, indem du dich beim Gehen und Laufen mit dem Oberkörper bewusst nach vorn neigst und deine Arme dabei locker nach unten hängen lässt. Du wirst merken, wie sich dein Körperschwerpunkt verlagert und du diesem hinterherrennst. Sensomotoriktraining kann vorhandlastigen Pferden helfen, ihren Körperschwerpunkt zu variieren, sich auch in der Bewegung besser auszubalancieren, ihre Hinterhand besser wahrzunehmen und gezielter einzusetzen.

Beispiel 3: Hufe geben

Wenn du schon mehreren Pferden die Hufe ausgekratzt hast, wirst du sicherlich festgestellt haben, dass es hierbei große Unterschiede gibt. Ein Pferd gibt dir bereitwillig seinen Huf und du spürst kaum Gewicht in der Hand. Ein anderes Pferd gibt die Hufe nur sehr unwillig und setzt sie schnell wieder ab, und beim dritten Pferd hast du das Gefühl, als würdest du das gesamte Pferdegewicht tragen müssen. Was sagt dir dieser Vergleich? Während Pferd eins sich auch auf drei Beinen stehend gut ausbalancieren und stabilisieren kann, fehlt Pferd zwei und drei die Balance und sie nutzen dich als Hilfe. Pferden, denen es schwerfällt, sich auf drei Beinen auszubalancieren, haben häufig Probleme, ihre statische posturale Kontrolle über einer veränderten und verkleinerten Unterstützungsfläche zu bewahren. Auch hier kann das Sensomotoriktraining helfen.

Sensomotoriktraining zur Verbesserung von Balance und Stabilität

Vielleicht ist dir aufgefallen, dass bei allen drei genannten Beispielen Balance und Stabilität im Fokus stehen. Und dies nicht ohne Grund: Balance und Stabilität sind Kernthema des Sensomotoriktrainings und ein Thema, das disziplinenübergreifend für jedes Pferd interessant ist. Entweder um bestehende Probleme nachhaltig zu lösen oder um Bewegungsmuster zu optimieren. Eine gute Balancefähigkeit beeinflusst die Koordination des Körpers und damit die Bewegungsabläufe positiv und erleichtert die Bewegungskontrolle. Dabei nutzen wir ein Drei-Phasen-Modell, um das Training zielgerichtet und strukturiert gestalten zu können. In Phase eins geht es um die Aktivierung der stabilisierenden Muskulatur, in Phase zwei um die statische Stabilität und in Phase drei um die dynamische und reaktive Stabilität. Das Drei-Phasen-Modell ist angelehnt an das Stufenmodell der medizinischen Trainingstherapie, das von Frank Diemer und Volker Sutor im

Humanbereich entwickelt wurde.[4] Im klassischen Training wird häufig versucht, eine Verbesserung der Bewegung zu erreichen, indem immer und immer wieder ein identischer Ablauf geübt wird. Oft ist dies aber nicht sehr erfolgreich, denn was man nicht kann, kann man auch nicht verbessern. Dies sorgt für Stress – beim Pferd, das den Befehlen des Reiters nicht Folge leisten kann, und beim Reiter, der nicht weiß, was er machen soll, damit sein Pferd so reagiert, wie er es gern hätte. Genau hier setzt das Sensomotoriktraining an: Wir lösen das Problem, indem wir nicht am Problem arbeiten. Wir denken „out of the box" und nutzen Übungen, die zunächst ungewohnt und neu sind. Dies bringt den Vorteil mit sich, dass die Trainingssituation dadurch, dass sie nicht durch die vorangegangenen negativen Erfahrungen geprägt ist, bei dir und deinem Pferd weder bewusst noch unbewusst Druck erzeugt und Stress auslöst.

Beim Sensomotoriktraining darf dein Pferd außerdem – was häufig im klassischen Training auch so nicht umgesetzt wird – die Übungen so ausführen, wie es sie in dem Moment ausführen kann. Das Hauptaugenmerk liegt weniger auf dem Bewegungsziel, sondern vielmehr darauf, dass dein Pferd über seinen Körper selbst bestimmen und Körperteile bewusst und zwanglos bewegen und einsetzen soll. Auf diese Weise soll es für sich eine nachhaltige Bewegungslösung entwickeln, um adäquat mit der gegebenen Situation umzugehen. Ist der Lösungsweg gefestigt (Stichwort: motorisches Gedächtnis), lässt er sich auf andere Aspekte und Bewegungsvariationen übertragen. Wir arbeiten beim Sensomotoriktraining daher auch nicht mit Druck und Zwang. Gelingt eine Übung nicht, verändern wir sie und machen sie für das Pferd einfacher. Das Nichtgelingen zeigt dir, dass die Übung für dein Pferd (noch) zu schwer ist. Durch das Erleben von Bewegung und Bewegungsmustern, die im Alltag nicht vorkommen, verbessert sich die Körperwahrnehmung deines Pferdes. Dies wiederum macht den Weg frei für langfristige Verhaltensänderungen – bezogen auf das Bewegungsverhalten, aber auch auf das allgemeine Verhalten deines Pferdes. Schreckhafte Pferde werden entspannter und vermeintlich faule Pferde arbeiten motiviert mit, weil ihr Problem erkannt und gelöst wurde. Meiner Erfahrung nach gibt es keine faulen Pferde. Häufig ist dies ein Ausdruck von Balanceproblemen oder anderen körperlichen Beeinträchtigungen. Sensomotoriktraining ist ein Konzept, das in den Alltag eingebunden werden kann und von dem jedes Pferd profitiert. Somit ist es im wahrsten Sinne des Wortes eine SINNvolle Ergänzung des klassischen Trainings.

Im Humanbereich ist schon seit langer Zeit bekannt, wie effektiv es sein kann, Nervensystem und Gehirn aktiv ins Training einzubinden. Dort heißt es Neuroathletik, neurozentriertes Training oder eben Sensomotoriktraining. Im Therapiebereich, sei es bei der Physio- oder bei der Ergotherapie, ist diese Form des Trainings ebenfalls verbreitet. Wenn du schon einmal mit Knieproblemen bei der Physiotherapie gewesen bist, kennst du das Training mit Balance-Pads, Wackelbrettern und anderen instabilen Untergründen. Im Sportbereich wurde die neurozentrierte Trainingsform nicht zuletzt durch den Sportwissenschaftler und ehemaligen Leistungssportler Lars Lienhard populär. Er betreute unter anderem die deutsche Fuß-

[4] Vgl. Diemer, Frank & Sutor, Volker: Trainingstherapie II. Thieme Verlag, 2010, S. 4 ff.

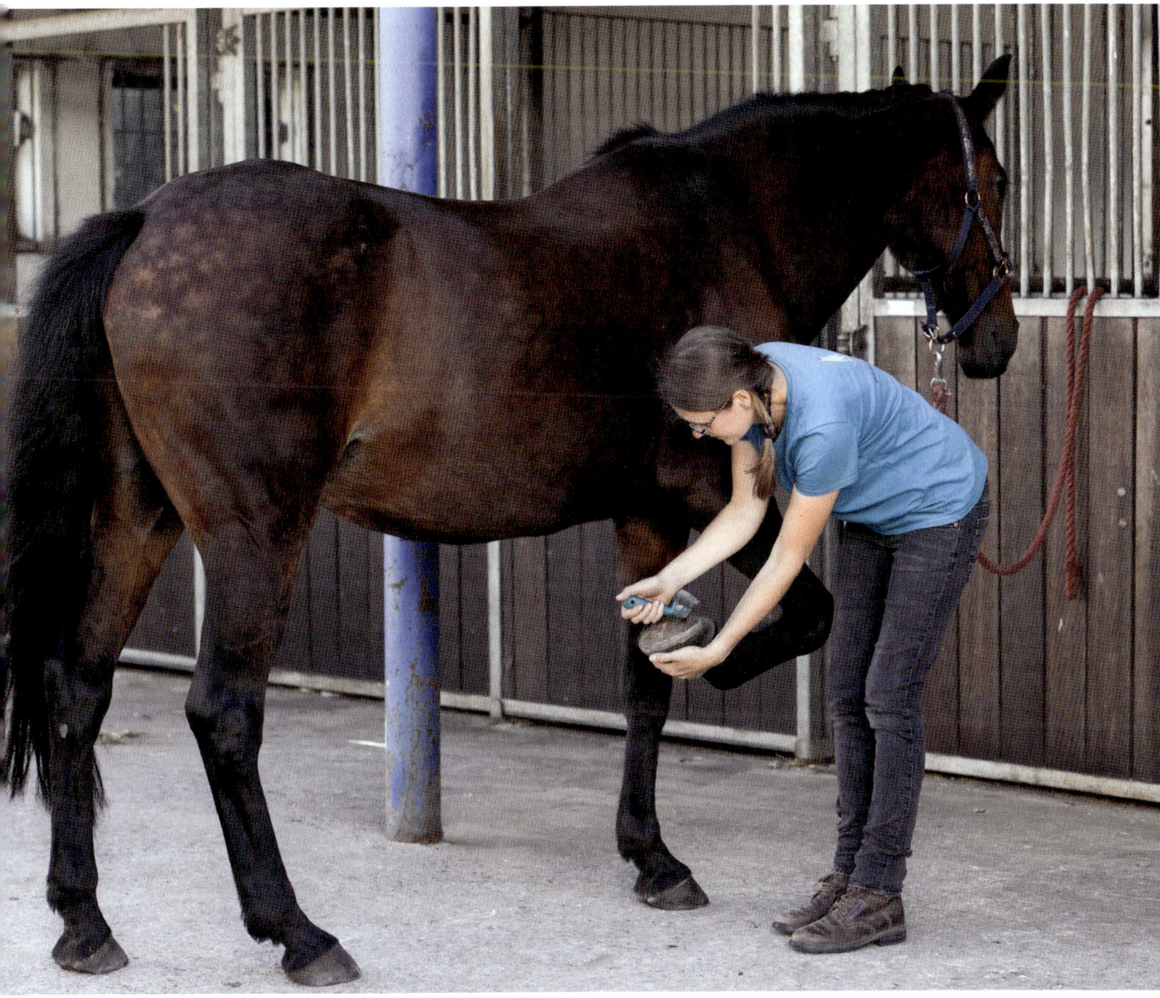

Beim Auskratzen des Hufes muss das Pferd seinen Körper auf einer veränderten Unterstützungsfläche ausbalancieren können. *Foto © Andrea Zachrau*

ballmannschaft, als sie 2014 die Weltmeisterschaft in Brasilien gewann. Mit Neuro-Riding hat Marc Nolke sogar ein spezielles Neurotraining mit Übungen für Reiter entwickelt. Auch wenn du mit deinem Pferd nicht um den Weltmeistertitel kämpfst oder Turnierambitionen hast, kann dein Pferd vom Sensomotoriktraining profitieren. Und nach einer Verletzungspause trägt es zu mehr Bewegungssicherheit bei und unterstützt ein gesundes Bewegungsmuster.

Dieses Buch soll soll dir dabei helfen, dein Training kreativer und abwechslungsreicher zu gestalten und deinem Pferd durch gezielten sensorischen Input zu mehr Balance und Stabilität, zu einer besseren Koordination und am Ende zu mehr Bewegungsfreude zu verhelfen.

Durch eine Verbesserung der Körperwahrnehmung werden auch nie erreichbar geglaubte Lektionen möglich. Foto © Andrea Zachrau

2

SENSORISCHE INFORMATIONEN ALS BEWEGUNGS-GRUNDLAGE

Über sinnliche Wahrnehmung denken wir im Umgang mit Pferden in der Regel nicht nach und setzen sie als gegeben voraus. Menschen beschreiben ihre Pferde gerne als tollpatschig, als widerspenstig oder meinen, dass sie sich anstellen oder ihre Beine einfach nicht heben können. Das Verhalten, das sie beschreiben, steht jedoch für Symptome, die darauf hinweisen, dass es sinnvoll sein könnte, sich mit den Sinnen des betroffenen Pferdes zu beschäftigen – immerhin sind die Sinne deines Pferdes sein Kontakt zur Außenwelt und zu sich selbst. Mit seinen Sinnen riecht, hört, schmeckt und fühlt dein Pferd seine Umwelt und sich in ihr. Damit Sinne ihre Umwelt auch sensibel wahrnehmen können, brauchen sie ein gewisses Training, sonst stumpfen sie ab. Ein Pferd beispielsweise, das auf einem Paddock mit ebenem Untergrund lebt und lediglich in einer ebenso planen Reithalle oder auf einem täglich nivellierten Platz geritten wird, wird Probleme haben, wenn es sich plötzlich im Wald über Stock und Stein bewegen soll. In Folge wird es wahrscheinlich stolpern und alarmiert reagieren, was sich eventuell durch eine erhöhte Schreckhaftigkeit ausdrückt, weil sein Körper mit den ungewohnten Reizen nicht adäquat umgehen und angemessen darauf reagieren kann. Beim Sensomotoriktraining setzen wir gezielte Reize und arbeiten bewusst mit der sensorischen Wahrnehmung und dem Nervensystem. Indem wir unterschiedliche Wahrnehmungskanäle ansprechen, fördern wir ein nachhaltiges und effektives Bewegungslernen und einen bewussteren Umgang mit dem eigenen Körper.

Das Nervensystem

Eine Einwirkung von außen oder innen, die von den Sinnessystemen wahrgenommen und verarbeitet wird und zu einer Veränderung im Organismus führt, wird als Reiz bezeichnet. Kommt der Reiz aus der Umwelt, ist es ein exterozeptiver Reiz. Reize aus dem Körperinneren nennt man interozeptive Reize. Für den Wahrnehmungsprozess und die Koordination von Reiz und Reaktion ist das Nervensystem verantwortlich. Das Nervensystem ist ein komplexes Netzwerk aus Nervenzellen und Nervenfasern, das sich durch den gesamten Körper zieht und Muskeln, Organe sowie weiteres Gewebe erreicht. Es ist zuständig für Wahrnehmungen, Wahrnehmungsverarbeitung, Steuerung und Koordination von Körperbewegungen, Denken und Verhalten und damit für eine angepasste Reaktion auf die gegebene Situation. Das Nervensystem kann funktionell und topografisch unterteilt werden. So gibt es zwei Hauptbereiche, die sich dadurch unterscheiden, wo sie im Körper zu finden sind: das zentrale Nervensystem (ZNS) und das periphere Nervensystem (PNS).

- Das **zentrale Nervensystem** (ZNS) besteht aus Gehirn und Rückenmark. Es ist zuständig für die bewusste Wahrnehmung, die Informationsverarbeitung (sensorische Integration) von Umweltreizen und die willkürliche Bewegung.
- Das **periphere Nervensystem** (PNS) stellt die Nervenverbindungen zwischen dem Organismus und dem zentralen Nervensystem dar. Die Nervenbahnen des peripheren Nervensystems treten aus den Zwischenwirbellöchern der Wirbelsäule. Kommt es zu Verengungen der Zwischenwirbellöcher, beispielsweise aufgrund von Arthrose oder einer Trageerschöpfung, kann der Informationsfluss gestört sein und Koordinationsprobleme können entstehen.

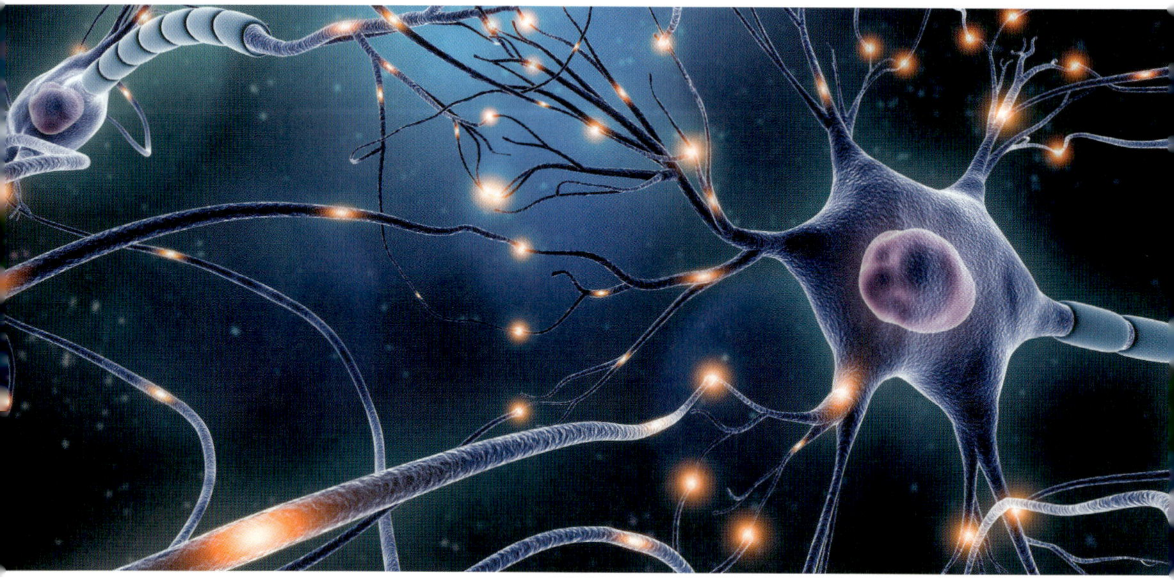

Empfindungen werden im Nervensystem als elektrische Impulse von Nervenzelle zu Nervenzelle geleitet. Dabei werden von den Nervenfasern Hunderte von Impulsen pro Sekunde übertragen. *Foto © Shutterstock/ MattL_Images*

Funktionell wird zudem unterschieden zwischen dem sensorischen Nervensystem, dem motorischen Nervensystem und dem vegetativen Nervensystem.

Das **sensorische Nervensystem** besteht aus afferenten, das heißt aufsteigenden Nervenbahnen. Sie sind zuständig für den sensorischen Input und leiten die von den Sensoren und Rezeptoren aufgenommenen Informationen weiter an das zentrale Nervensystem, wo diese dann verarbeitet oder als Reflex beantwortet werden. Die wahrgenommenen sensorischen Informationen sind Grundlage von Bewegung und Verhalten.

Das **motorische Nervensystem** besteht aus efferenten, das heißt absteigenden Nervenbahnen. Über diese Nervenbahnen werden Befehle des zentralen Nervensystems unter anderem an die ausführenden Muskeln geleitet. So wird der Längen- bzw. Verkürzungszustand der Muskeln reguliert, Muskelkraft und Bewegung erzeugt und die Gelenkstabilität gewährleistet.

Das **vegetative Nervensystem** ist zuständig für automatische Körperfunktionen wie Atmung, Verdauung und Herzschlag und innerviert die inneren Organe und Gefäße. Es arbeitet weitgehend autonom und seine Arbeit liegt unterhalb der Wahrnehmungsgrenze. Auch das vegetative Nervensystem besitzt zentrale Anteile. Es nutzt die eingehenden Informationen, um zum Beispiel Atmung, Herzschlag und Blutdruck der aktuellen Bewegung anzupassen und sicherzustellen, dass der Körper stets optimal versorgt ist. Bei Anstrengung erhöht sich beispielsweise die Atemfrequenz und bei Hitze beginnt das Pferd zu schwitzen. Das vegetative Nervensystem wird unterteilt in Sympathikus und Parasympathikus. Der Sympathikus ist bei Angst, Stress, körperlicher Anstrengung oder Schmerzen aktiv, der Parasympathikus hingegen bei Ruhe. Er steigert zum Beispiel die Verdauung und die Stoffwechselaktivitäten. Der Sympathikus verlässt gemeinsam mit den motorischen Nerven den Wirbelkanal durch die Zwischenwirbellöcher von Brust und Lendenwirbelsäule und kann aufgrund seiner Lage im Körper mit manuellen Techniken aktiviert und gedämpft werden. Handstreichungen beispielsweise wirken dämpfend auf den Sympathikus und tragen auf diese Weise zur Entspannung deines Pferdes bei.

Das Nervensystem, so wie es bei uns und unseren Pferden in seiner Komplexität zu finden ist, hat sich im Laufe der Evolution entwickelt. Bei den primitivsten Organismusformen wird eine Sinneszelle durch einen Umweltreiz erregt. Diese Erregung wird über einen Fortsatz zu einer Muskelzelle geleitet, die dann entsprechend reagiert und Bewegung erzeugt. Bei weiterentwickelten Organismen, beispielsweise bei uns Menschen und bei unseren Pferden, befindet sich zwischen der erregbaren Sinneszelle und der Muskelzelle eine weitere Zelle: die sogenannte Nervenzelle, auch Neuron oder Ganglienzelle genannt.

Die Nervenzelle

Die Nervenzelle besteht aus einem Zellkörper mit Zellkern und Zytoplasma und zahlreichen Fortsätzen. Nervenzellen unterscheiden sich von den übrigen Körperzellen vor allem dadurch, dass sie Synapsen ausbilden und eine durch einen Reiz ausgelöste Erregung weiterleiten können.[7] Unterschieden werden drei Arten von Nervenzellen:

[7] Vgl. Engelhardt, Wolfgang v. & Breves, Gerhard: Physiologie der Haustiere. Enke, 2000, S. 22 ff.

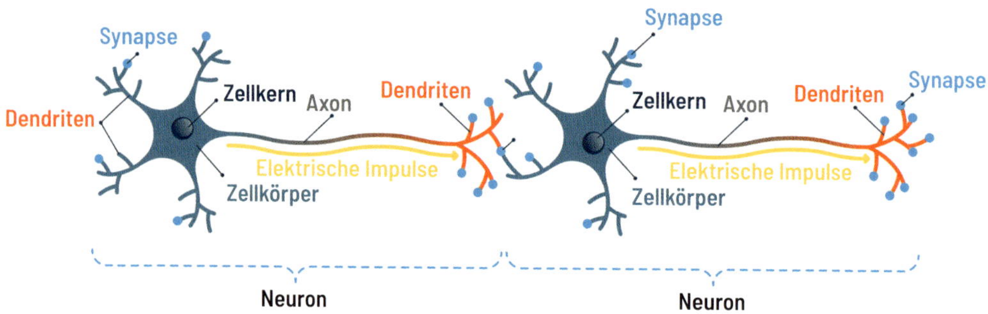

Das Axon leitet die elektrischen Impulse (Erregungen) von einer Nervenzelle zur anderen, wo sie von den Dendriten empfangen werden. *Foto © Shutterstock/ VectorMine*

1. **Sensorische bzw. sensible Neurone**, die für die Reizwahrnehmung und -weiterleitung zuständig sind,
2. **Interneurone**, die die Informationsvermittlung zwischen den Nervenzellen übernehmen, indem sie Informationen empfangen, verarbeiten und an andere Nervenzellen weiterleiten, und
3. **Motoneurone**, die Befehle an z. B. Muskelzellen und damit an nichtneuronale Effektorzellen senden.

Das Neuron bildet zwei Arten von Fortsätzen: die Dendriten und das Axon. Das Axon ist ein besonders langer Fortsatz. Es besitzt eine fetthaltige Hülle, die für eine schnelle Informationsweiterleitung sorgt. Die Einheit aus Axon und Hülle wird als Nervenfaser bezeichnet. Die Reizübertragung erfolgt durch elektrische Signale. Gibt es einen zu übertragenden Reiz, fließt sozusagen Strom durch die Nerven. Das Axon verzweigt sich und an den Enden der Verzweigungen sitzen sogenannte Endknöpfchen, über die es mit anderen Nerven- oder Muskelzellen verbunden ist. Dort, wo die Endknöpfchen an der Nervenzelle andocken, entsteht eine Synapse, an der die Erregungsübertragung auf andere Zellen und damit die Informationsweiterleitung stattfindet. Die Anzahl der Synapsen ist abhängig vom sensorischen Input, den ein Pferd im Laufe seines Lebens durch seine Entwicklung und das Training erhält. Werden Synapsen nicht genutzt, werden sie abgebaut[8], was wiederum Auswirkungen auf die Informationsübertragung, das Körpergefühl und die Bewegung deines Pferdes hat.

Weil ein Lebewesen nicht nicht wahrnehmen kann, werden in jeder Sekunde riesige Informationsmengen aufgenommen. Um das Gehirn nicht zu überfordern, werden aber nur die Informationen weitergeleitet, die in diesem Moment relevant sind. Würde immer alles ungefiltert an das Gehirn weitergeleitet werden, wäre dieses mit der Informationsflut überfordert und wüsste nicht, welche Informationen wirklich relevant für das Überleben sind. Eine angemessene Reaktion wäre in diesem Fall nicht möglich. Du kennst das vielleicht: Am Morgen ziehst du dich an.

[8] Vgl. Max-Planck-Gesellschaft: Synapsen – Beständigkeit im Wandel, 2014 https://www.mpg.de/8123221/wachstum_von_synapsen, abgerufen am 20.04.2023

Anschließend nimmst du deine Kleidung für den Rest des Tages aber nicht mehr bewusst wahr, es sei denn, sie drückt, kratzt oder juckt oder du denkst willkürlich daran.

Nervenzellen können nicht erneuert oder ersetzt werden. Jede Wunde, bei der Nervenzellen zerstört werden, hat Einfluss auf die Wahrnehmung deines Pferdes. Degenerative Nervenschädigungen können wir mit sensomotorischem Training daher auch nicht beheben. Wir können betroffene Pferde aber unterstützen, den Rest ihres Körpers besser wahrzunehmen, optimaler einzusetzen und auf diese Weise ihre Probleme ein Stück weit zu kompensieren. Dies gilt insbesondere auch für Pferde mit Augenproblemen, Arthrose und anderen Einschränkungen des Bewegungsapparates.

Was wir mit sensomotorischem Training allerdings verbessern können, ist die Reizweiterleitung an den Synapsen. Synapsenbildung ist trainingsabhängig und steht im engen Zusammenhang mit dem Input, den ein Pferd erfährt. Wenn du etwas trainierst, wird dieselbe Kontaktstelle zwischen zwei Nervenzellen wiederholt aktiviert. Dadurch erhöht sich die Übertragungsfrequenz und es laufen immer mehr Impulse über die Synapse. Infolgedessen werden die Impulse besser übertragen und es fällt der Synapse auch in Zukunft leichter, ähnliche Informationen weiterzuleiten. Bewegungslernen findet statt. Werden Synapsen länger nicht gebraucht, verlangsamt sich die Reizweiterleitung wieder. Um die Übertragungsfrequenz hochzuhalten, ist regelmäßiges Training daher wichtig. Du kannst es dir vorstellen wie ein Wegenetz im Körper: Werden Nervenbahnen und Synapsen nicht gebraucht, sind die Nervenbahnen wie schmale, zugewucherte Trampelpfade, auf denen das Vorankommen lang dauert und mühsam ist. Je öfter die Wege

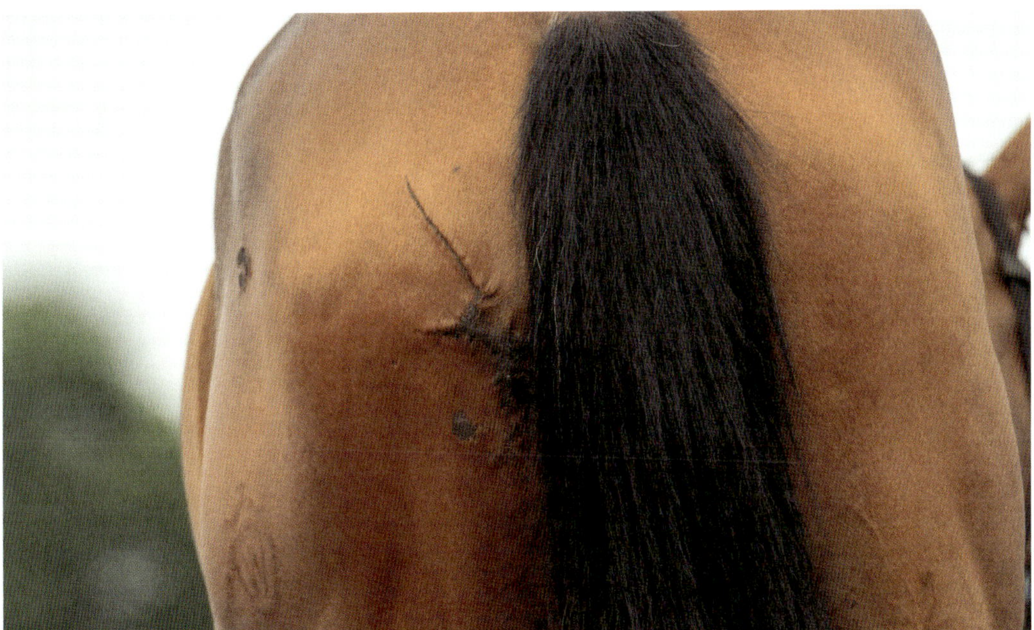

Jede Gewebeverletzung zerstört Nervenzellen, die nicht wieder repariert werden können. Foto © Lena Rosen

aber genutzt werden, desto breiter werden sie und desto schneller funktioniert der Informationstransport. Der Trampelpfad wird zur Autobahn und die Informationsweiterleitung funktioniert immer besser. Diese Entwicklung funktioniert aber auch andersherum: Stand dein Pferd verletzungsbedingt längere Zeit, sind die einstigen Datenautobahnen zu zugewucherten Trampelpfaden geworden. Die wahrgenommenen Informationen sind bruchstückhaft und es dauert, bis sie dort ankommen, wo sie verarbeitet werden. Weil das Gehirn nicht sicher ist, ob es sich auf das kaputte Bein schon wieder verlassen kann, veranlasst es eine Schonhaltung und dein Pferd lahmt weiterhin, obwohl das Bein theoretisch wieder voll belastbar wäre. Aus eben diesem Grund ist es auch so sinnvoll und wichtig, dass du dein Pferd nach einer verletzungsbedingten Pause mithilfe von Sensomotoriktraining dabei unterstützt, seinen Körper wieder besser wahrzunehmen, um ihn sicher und zielgerichtet im Aufbautraining einsetzen zu können. Insbesondere die Phase eins, bei der es um die Aktivierung der stabilisierenden Muskeln geht, bietet sich hier an.

Das zentrale Nervensystem

Das zentrale Nervensystem, das für Bewegung und Koordination und damit für das Sensomotoriktraining eine wichtige Rolle spielt, besteht aus Gehirn und Rückenmark.

Das Rückenmark

Das Rückenmark als Teil des zentralen Nervensystems ist die Verbindung zwischen Gehirn und peripherem Nervensystem. Es hat zwei Aufgaben:

1. Das Rückenmark nimmt die aus der Peripherie eintreffenden Informationen auf und leitet sie zum Gehirn.
2. Es überträgt sensorische Reize auf das Motoneuron des entsprechenden Körpersegments und löst damit eine Reflexbewegung aus. Bei dieser Art der Bewegung ist das Gehirn nicht einbezogen, eine vorherige Informationsverarbeitung im Gehirn findet nicht statt.

Für einen störungsfreien Informationsfluss ist die Beweglichkeit der Wirbelsäule elementar. Eine Druckschädigung der Nerven im Rückenmarksbereich kann weitreichende Folgen haben und beispielsweise zu Ataxie und einer eingeschränkten Koordinationsfähigkeit führen. Betroffene Pferde stolpern, können ihre Hufe nicht ordentlich heben und es fällt ihnen sehr schwer, rückwärtszutreten.

Unbedingte und bedingte Reflexe

Reflexe sind motorische Reaktionen (Bewegung), die unbewusst auf Rückenmarksebene ablaufen. Bei einem Reflex werden relevante Muskeln aktiviert, ohne dass der Reiz vorab im Gehirn verarbeitet wurde. Reflexe sind programmierte Reaktionen, die nicht willkürlich beeinflussbar sind. Sie entstehen durch einen Reflexbogen, an dem ein Rezeptor, ein afferenter Nerv, mindestens ein Interneuron im Rückenmark als Schaltstelle und ein efferenter Nerv beteiligt sind. Die muskuläre Reaktion erfolgt bei einem Reflex wesentlich schneller als bei einer vorherigen Informationsverarbeitung im Gehirn. Reflexe ermöglichen die Koordination einfacher Bewegungen. Solche Bewegungen können zum Beispiel die reflektorische Stabilisierung eines Gelenks sein, ehe die Instabi-

Das Rückenmark geht über ins Gehirn des Pferdes und beides zusammen bildet das zentrale Nervensystem.

Foto: Shutterstock/SciePro

lität des Gelenks bewusst wahrgenommen wird, und einfache lokomotorische Aktivierungsmuster, die eine Bewegung initiieren. Parallel dazu werden die wahrgenommenen Informationen vom Rückenmark ans Gehirn weitergeleitet, wo sie entsprechend im Sinne der sensorischen Integration verarbeitet werden.

Erfolgen Reiz und Reizantwort am selben Organ, spricht man von einem propriozeptiven Reflex oder Muskeleigenreflex. Hierbei handelt sich um einen monosynaptischen Reflex, der mit rund 20 ms[9] eine sehr kurze Reflexzeit hat. Der Muskeleigenreflex schützt den Muskel einerseits vor einer Überdehnung und dient andererseits einer korrekten Gliedmaßenstellung, ermöglicht eine stabile, der Schwerkraft sich widersetzende Körperhaltung und Bewegung und ist dafür zuständig, dass Gliedmaßen im Rahmen eines Bewegungsablaufs ihre Ausgangsposition wiedererlangen. Bei diesem Eigenreflex führt die Dehnung des Muskels, die von den Muskelspindeln wahrgenommen

[9] Engelhardt, Wolfgang v. & Breves, Gerhard: Physiologie der Haustiere. Enke, 2000, S. 58

wird, zu einer Kontraktion. Dies sorgt dafür, dass die Muskellänge entweder erhalten bleibt - in dem Fall wird in der Bewegung verharrt - oder verändert wird.

Wenn Reiz und Reizantwort nicht am selben Organ erfolgen, handelt es sich um einen polysynaptischen Reflex. Dabei können wahlweise mehrere Muskelgruppen beteiligt sein oder aber auch verschiedene Organe wie die Haut und die Muskulatur. Ein Beispiel ist das Wegziehen des Hufs bei einem Schmerzreiz, der von Sensoren der Haut wahrgenommen und von der Muskulatur beantwortet wird, oder ein Ausfallschritt bei drohendem Balanceverlust, beispielsweise durchs Stolpern. Auch der Hustenreiz gehört zu den polysynaptischen Reflexen. Beim polysynaptischen Reflex ist die Reflexzeit etwas länger als beim Eigenreflex.

Neben diesen unbedingten Reflexen gibt es auch bedingte Reflexe, für die etwas bewusst erlernt werden muss, damit es später unbewusst ausgeführt wird. Beispiel dafür ist der Pawlow'sche Hund: Er ist bekannt aus einem Experiment zum Reiz-Reaktions-Lernen, das auch als klassische Konditionierung bekannt ist. Iwan Pawlow, ein russischer Mediziner, Physiologe und Nobelpreisträger, kombinierte in einem Experiment den Klang einer Glocke (neutraler Reiz) mit der Fütterung eines Hundes. Auf dieses Experiment gehe ich auf Seite 57 näher ein.

Auch bei erlernten Bewegungsabläufen setzt mit der Zeit eine Automatisierung ein, weil sich ein motorisches Gedächtnis bildet. Der Körper deines Pferdes reagiert instinktiv und reflexartig und kann sich so zum Beispiel bei Instabilität besser und vor allem schneller ausbalancieren. Das ist, was wir mit dem Sensomotoriktraining erreichen möchten.

Das Gehirn

Das Rückenmark geht direkt über in das Gehirn, den zweiten wichtigen Bereich des zentralen Nervensystems. Das Gehirn von Säugetieren ist vom Prinzip speziesübergreifend sehr ähnlich aufgebaut und unterscheidet sich in der Ausprägung einzelner Bereiche. Der wohl größte Unterschied zwischen dem Menschenhirn und dem Pferdehirn besteht darin, dass das Kleinhirn, das Kontrollorgan der Willkürmotorik, beim Pferd wesentlich ausgeprägter ist als das Großhirn, als Sitz von Bewusstsein und Gedächtnis.

Das Gehirn wird in drei Abschnitte eingeteilt: Rautenhirn, Mittelhirn und Vorderhirn.

Das Rautenhirn und das Mittelhirn gehören zum sogenannten Hirnstamm. Der Hirnstamm ist der älteste Teil des Gehirns und die erste Integrationsstufe, in der die wahrgenommenen Informationen zusammenlaufen und verarbeitet werden. Der Hirnstamm gilt als verantwortlich für die Halte- und Stützmotorik. Der unterste Teil des Hirnstamms ist die Medulla oblongata, das verlängerte Rückenmark. Mit ihr beginnt das Gehirn. Die Medulla oblongata enthält wichtige Zentren für autonome Körperfunktionen wie das Atem- und Kreislaufzentrum, aber auch für die Feinmotorik.

Mitten im Hirnstamm befindet sich die Formatio reticularis, ein netzförmiger Neuronenverband, der sich durch verschiedene Bereiche des Gehirns zieht und alle auf- und absteigenden Nervenbahnen über Synapsen miteinander verbindet. Du findest die Formatio reticularis im Hirnstamm, im Kleinhirn, in der Medulla oblongata und im Rückenmark. Sie besitzt Verbindungen zu jedem Sinnessystem, zu Motoneuronen und zu Teilen des Großhirns. Die Formatio reticularis hat eine Art Filterfunktion: Sie entscheidet, ob eintreffende Reize verstärkt oder gehemmt werden und schützt das Gehirn vor einer Reizüberflutung.

Das zentral gelegene Kleinhirn ist das Kontrollorgan der Willkürmotorik und relevant für harmonische Bewegungen. Daher spielt es eine wichtige Rolle in Bezug auf die Koordination des Pferdes. Das Kleinhirn erhält Afferenzen (= Impulse der afferenten Nervenfasern) aus dem Rückenmark und bekommt darüber Informationen zu Gelenkstellung, Muskelspannung, Muskellänge und Bewegung. Außerdem erhält es über die Vestibulariskerne Informationen des Vestibularorgans (Gleichgewicht).

Das Kleinhirn bekommt zudem die Aktivierungssignale der Muskeln parallel mit den motorischen Vorderhornzellen. Hierbei handelt es sich um eine sog. Efferenzkopie (Efferenzen = Impulse der efferenten Nervenfasern), mit deren Informationen und den eingehenden Afferenzen das Kleinhirn Abweichungen berechnet und Signale zur Bewegungskorrektur gibt. Bei Pferden ist das Kleinhirn im Vergleich zum Großhirn größer als beim Menschen.

Trotzdem kontrolliert das Großhirn, das Teil des Vorderhirns ist, die meisten Aktivitäten des Pferdes, indem es die Informationen der Sinnesorgane verarbeitet. Gleichzeitig ist es mit dem präfrontalen Cortex Sitz des Bewusstseins und des Gedächtnisses. Der präfrontale Cortex ist zuständig für Aspekte wie Planung, Sozialverhalten und kognitive Leistung. Bei uns Menschen ist dieser Teil des Gehirns sicher anders „programmiert" als bei unseren Pferden. Informationen werden bei uns Menschen vom präfrontalen Cortex auf für uns relevante Hinweise analysiert, bevor eine Reaktion ausgelöst wird. Für das Pferd sind andere Hinweise relevant. Viele Signale werden daher vermutlich ungefiltert direkt an den Motorcortex, den Teil der Großrinde, von der die Willkürmotorik ausgeht, weitergeleitet, damit das Pferd in einer Bedrohungslage sofort und blitzschnell reagieren kann. Das erklärt, warum Pferde gar nicht in der Lage sind, uns Reiter zu veräppeln. Statt zu planen und zu evaluieren, reagiert ihr Gehirn in vielen Situationen einfach direkt auf einen Reiz. Das bedeutet aber nicht, dass Pferde dumm sind! Unsere Gehirne sind ausgerichtet auf unser Überleben in unserer natürlichen Umgebung. Beim Pferd spielen Fressfeinde eine große Rolle, wenn es ums Überleben geht. Dafür muss sein Bewegungsapparat möglichst eng mit seinen Sinnen verschaltet sein. Wenn dein Pferd im Training nicht so reagiert, wie du es dir wünschst, such den Fehler deshalb nicht beim Pferd. Stell ihm stattdessen die Aufgabe anders, zerlege sie in kleinere, umsetzbare Teile und reflektiere dich und deine Hilfengebung.

Das Gehirn ist nicht darauf aus, eine gute Leistung zu erbringen, sondern das Überleben zu sichern. Um diese Aufgabe erfüllen zu können, bekommt es Informationen vom Nervensystem. Das Gehirn wägt also immer ab, ob etwas sicher ist, und das Nervensystem hat die Aufgabe, mögliche Gefahren zu erkennen, damit schnellstmöglich adäquat darauf reagiert und das Überleben gesichert werden kann. Nichts passiert, ohne dass das zentrale Nervensystem es veranlasst hätte.[10] Verlangst du von deinem Pferd etwas, von dem das Gehirn meint, dass es nicht sicher ist, wird es ein Veto einlegen und beispielsweise die erforderliche Kraft reduzieren, um die Beweglichkeit einzuschränken. Dadurch sinkt die Gefahr, sich durch die eigene Bewegung zu verletzen. Auch Schmerzwahrnehmung oder

[10] Lienhardt, Lars: Training beginnt im Gehirn. Mit Neuroathletik die sportliche Leistung verbessern. riva Verlag, 3. Ed. 2020, S. 8

Selbstversuch

Lege dieses Buch kurz zur Seite und stell dich auf ein Bein – ganz egal auf welches, das ist dir überlassen. Weiterlesen solltest du erst, wenn du das gemacht hast.

Du hast eben unbewusst das Bein als Standbein gewählt, das dir mehr Halt und Stabilität und damit mehr Sicherheit bietet. Deswegen fiel es dir vermutlich nicht sehr schwer, dich auf ein Bein zu stellen. Oder? Mach die Übung jetzt nochmal mit dem anderen Bein und nimmt den Unterschied bewusst wahr.

eine erhöhte Atemfrequenz können Folgen eines Vetos vonseiten des Gehirns sein.

Für das Gehirn ist die Stabilisierung einer Bewegung wichtiger als die Ausführung der Zielbewegung. Rund 90 Prozent der an die Muskeln gehenden Signale sind für die reflexive Stabilisierung einer Bewegung zuständig und nur zehn Prozent dienen dazu, eine Bewegung auszuführen.[11]

Was bedeutet das für dein Training? Die Informationen, die im Gehirn ankommen, entscheiden darüber, wie koordiniert und präzise eine Bewegung ist. Die Informationen aus der Umwelt, die das Gehirn braucht, um diese wichtige Analyse durchführen zu können, bekommt es vom Nervensystem. Je hochwertiger die Informationen sind, die es erhält, desto besser kann es mit ihnen arbeiten. Das Gehirn analysiert und interpretiert diese Informationen und gleicht sie mit bereits gemachten Erfahrungen und anderen vorhandenen Informationen ab (sensorische Integration). Auf dieser Grundlage entscheidet es, wie auf die Situation reagiert werden soll (motorischer Output). All dies geschieht in Millisekunden und wird nicht bewusst wahrgenommen. Je differenzierter die Wahrnehmung entwickelt ist, desto erfolgversprechender ist die Auswahl. Wie präzise, kraftvoll und koordiniert der motorische Output, also die Bewegung deines Pferdes, erfolgt, ist das Ergebnis der vorangegangenen Informationsverarbeitung im Gehirn.

Dieses Wissen ist für den Erfolg deines Trainings sehr wertvoll: Die Leistungsfähigkeit ist nämlich immer abhängig davon, wie gut Gehirn und Nervensystem zusammenarbeiten, wie die Informationen verarbeitet werden und welche Datenlage der Entscheidung des Gehirns zugrunde liegt. Bekommt das Gehirn schnell klare Informationen in ausreichender Menge zur Verfügung gestellt, kann der Körper eine gute und stabile Bewegung ausführen. Hat die Landkarte des Pferdekörpers jedoch schwarze Flecken, zu denen nur noch zugewucherte Trampelpfade führen, kommen aus diesen Körperbereichen die Informationen zu langsam und zu unpräzise.

Ein typischer schwarzer Fleck auf der Landkarte eines Pferdes ist zum Beispiel die Hinterhand: Die Vordergliedmaßen nimmt dein Pferd sehr gut wahr. Zum einen sieht es sie, zum anderen nutzt es die Vorderbeine zum Stampfen, Scharren oder auch zum Spielen oder Kämpfen. Die Hinterbeine dagegen sieht dein Pferd nicht und sie haben weniger differenzierte Funktionen als die Vorderbeine. Kommen dann noch Verspannungen der Rückenmuskulatur oder Rückenschmerzen hinzu, ist der Informationsfluss möglicherweise beeinträchtigt und die Körperwahrnehmung in diesem Bereich nicht mehr optimal.

Einfluss auf die Körperlandkarte deines Pferdes haben auch Verletzungen und Schmerzen. Schmerzen, die zu Bewegungseinschränkungen und einem damit verbundenen Verlust von Stabilität führen, verändern Körperbild und (Bewegungs-)Verhalten. Hier kannst du mit sensomotorischem Training dein Pferd bei der Rehabilitation unterstützen, indem du alte Informationswege wieder herstellst und deinem Pferd so seinen gesunden, physiologischen Bewegungsablauf zurückgibst.[12] Um Training effizient und effektiv zu gestalten, ist es sinnvoll, mit den Stärken zu arbeiten, denn das gibt dem Gehirn Sicherheit und sorgt für Vertrauen. Arbeitest du im Training mit Zwang, entstehen Angst und Widerstand bei deinem Pferd, weil ihm die Sicherheit fehlt. So kann kein positives Umlernen stattfinden.

Die Sinnessysteme

Die Reizwahrnehmung des Nervensystems lässt sich in verschiedene Sinnessysteme aufteilen: Geschmackssinn (gustatorisch), Geruchssinn (olfaktorisch), Gehörsinn (auditiv), Sehsinn (visuell), Gleichgewichtssinn (vestibulär), Tastsinn (taktil) und Eigenwahrnehmung (propriozeptiv). Sie alle haben die Aufgabe, dem Gehirn Informationen aus dem Inneren des Körpers oder aus der Außenwelt zu liefern. Der Wahrnehmungsprozess ist in Bezug auf die organischen und physiologischen Vorgänge mittlerweile gut erforscht. Du musst aber bedenken, dass individuelle Gefühle und Empfindungen in den Prozess der Wahrnehmungsverarbeitung einfließen und Wahrnehmung sich daher nicht allein auf das zugehörige Organ reduzieren lässt.

Während das Riechen und Schmecken eine eher untergeordnete Rolle in Bezug auf das Bewegungslernen spielen, sieht es mit dem Hören, das eine wichtige Rolle bei der Orientierung im Raum spielt, insbesondere aber mit dem Sehen und Fühlen sowie mit Gleichgewicht und Eigenwahrnehmung ganz anders aus. Die vier Sinnessysteme Sehen (visuelles System), Gleichgewicht (vestibuläres System), Eigenwahrnehmung (propriozeptives System) und Fühlen (taktiles System) liefern Informationen, die erforderlich sind, um eine sichere, effiziente und optimale Bewegung zu erzeugen. Je schneller dem zentralen Nervensystem hochwertige Informationen zur Verfügung stehen, desto besser ist der motorische Output. Für das Sensomotoriktraining interessant sind in erster Linie vestibuläre Reize, visuelle Reize und somatosensorische Reize, also Reize, die durch das taktile System und das propriozeptive System wahrgenommen werden: Die Reize sind mechanisch, chemisch und thermisch. Mechanische Reize sind zum Beispiel Druck, Dehnung, Berührung und Vibration, thermische Reize sind Wärme und Kälte. Auch die Nozizeption, die Schmerzempfindung, gehört dazu. Weil in Bezug auf das Sensomotoriktraining chemo- und thermosensitive sowie nozizeptive Strukturen aber eher nicht relevant sind, gehe ich an dieser Stelle nicht weiter darauf ein.

Alle Sinnessysteme arbeiten immer gleichzeitig, sind eng miteinander verknüpft und können nicht losgelöst voneinander betrachtet werden. So löst beispielsweise ein Gleichgewichtsreiz immer eine muskuläre Reaktion mit Haltungsanpassung aus (Propriozeption) und beim Klang eines Geräusches wird der Kopf automatisch zur Geräuschquelle gedreht.

[11] Lienhardt, Lars: Training beginnt im Gehirn. Mit Neuroathletik die sportliche Leistung verbessern. riva Verlag, 3. Ed. 2020, S. 234 f.

[12] Vgl. Denois, Jean-Marie & Pailloux, Jean-Pierre: Physiotherapie und Massage bei Pferden. Ulmer, 2. Ed. 2000, S. 14 ff.

Das propriozeptive System: die Eigenwahrnehmung

Propriozeption, auch Propriorezeption, ist die Wahrnehmung von Reizen, die aus dem Inneren des Körpers kommen. Das Wort Propriozeption setzt sich zusammen aus den lateinischen Begriffen *proprius* (eigen) und *recipere* (aufnehmen). Das dazugehörige Sinnessystem ist das propriozeptive System, die Eigenwahrnehmung. Die wahrgenommenen Reize werden als propriozeptive Reize bezeichnet.

Propriozeptive Reize stehen im Gegensatz zu exterozeptiven Reizen, die von außen kommen. Auch Tiefenwahrnehmung oder Tiefensensibilität sind verbreitete, synonyme Bezeichnungen für das propriozeptive System. Eine andere Bezeichnung ist Kinästhesie, was so viel bedeutet wie das Wahrnehmen der Raum-, Zeit-, Kraft- und Spannungsverhältnisse der eigenen Bewegung.

Stellungssinn

Der Stellungssinn vermittelt die Information der Körperhaltung im Raum. Auch mit geschlossenen Augen und ohne hinzusehen kann sich das Gehirn die Lage der einzelnen Gliedmaßen und die Stellung der Gelenke zueinander vergegenwärtigen.

Bewegungssinn

Der Bewegungssinn nimmt die Änderung einer Gelenkstellung wahr, und zwar die Veränderung sowohl der Richtung als auch der Geschwindigkeit. Beim Bewegungssinn geht es also nicht um die Fortbewegung an sich, sondern um die Wahrnehmung der Bewegung einzelner Gliedmaßen ohne visuelle Kontrolle. Dabei können Winkeländerungen an Gelenken, die körperfern sind (Karpalgelenk, Hufgelenk), deutlicher wahrgenommen werden als an körpernahen Gelenken wie den Wirbelgelenken.[13]

Foto: Claudia Abeling

Übung zur Selbsterfahrung

Um die vier Teilbereiche der Propriozeption selbst nachempfinden zu können, kann dir die folgende Übung helfen: Schließ deine Augen und führe deine Zeigefinger vor der Nase zusammen.

Auch mit geschlossenen Augen weißt du, wie die Haltung deiner Arme und Hände ist (Stellungssinn), wie viel Kraft für die Bewegung erforderlich ist (Kraftsinn), wie und wohin sich deine Arme bewegen (Bewegungssinn), und du nimmst deine Muskelspannung in den Armen wahr (Spannungssinn).

Kraftsinn

Der Kraftsinn ermöglicht es abzuschätzen, wie viel Muskelkraft erforderlich ist, um eine Bewegung auszuführen und Zug und Druck zu koordinieren oder um gegen Widerstand wie die Schwerkraft, Wasser oder Ähnliches eine Gelenkstellung einzunehmen. Je besser der Kraftsinn funktioniert, desto leichter ist die Bewegung. Bei Pferden kannst du dies oft gut hören: Je mehr Kraft sie brauchen, um eine Bewegung auszuführen, desto lauter bewegen sie sich auch.

Spannungssinn

Der Spannungssinn informiert über den Spannungszustand eines Muskels und ist eine Voraussetzung für eine bewusste Beeinflussung der Muskelspannung. Die propriozeptive Wahrnehmung erfolgt in der Regel unbewusst. Mithilfe des Spannungssinns kann aber aktiv eine Muskelentspannung herbeigeführt werden, wie es zum Beispiel bei Entspannungsübungen der Fall ist.

Propriozeption ist wichtig für eine koordinierte Körperbewegung. Für jede Bewegung wird im Trainingsverlauf ein neues neuronales Modell gebildet, das Informationen darüber enthält, wie sich die Bewegung anfühlt. Jede noch so kleinste Veränderung der Aktivität stellt wiederum eine neue Herausforderung dar und erfordert eine Anpassung des neuronalen Modells.[14] Aus diesem Grund kann das Sensomotoriktraining mit neuen und vielleicht zunächst ungewöhnlichen Übungen und der Kombination von Übungen mit ungewohnten Reizen dazu beitragen, Bewegungen, die im klassischen Training eine Rolle spielen, wie das Laufen auf gebogener Linie, Seitengänge oder das Anreiten von Hindernissen, zu verbessern.

Die propriozeptiven Reize werden von den Propriozeptoren wahrgenommen. Diese befinden sich vor allem in den Muskeln, Faszien Sehnen und Gelenken. Dabei wird unterschieden zwischen echten Propriozeptoren wie der Muskelspindel und dem Golgi-Sehnen-Organ und Mechanorezeptoren, die zwar zur Propriozeption beitragen, allerdings dem taktilen System (Tastsinn) angehören.

Muskelspindel

In jedem Muskel befinden sich Muskelspindeln. Hierbei handelt es sich um Dehnungsrezeptoren. Sie liegen parallel zu den für die Kraftentwicklung zuständigen Muskelfasern und sind über bindegewebsartige Strukturen mit diesen verbunden. Auf diese Weise registrieren die Muskelspindeln die Längenveränderung der Muskelfasern und damit den Dehnungs- und Spannungszustand des Muskels. Über schnell leitende Nervenfasern geben sie diese Informationen ans Rückenmark weiter. Die Informationen der Muskelspindeln spielen eine wichtige Rolle bei der kontrollierten Kraftentwicklung des Muskels. Die Rückmeldungen der Muskelspindeln wirken monosynaptisch und hemmen den jeweiligen Antagonisten.

Golgi-Sehnenorgane (Sehnenspindel)

Die zweiten Propriozeptoren sind die Golgi-Sehnenorgane, die auch als Sehnenspindel

[13] Vgl. Häfelinger, Ulla & Schuba, Violetta: Koordinationstherapie. Propriozeptives Training. Meyer & Meyer Verlag, 4. Ed. 2002, S. 39

[14] Vgl. Fisher, Anne G. / Murray, Elizabeth A. / Bundy, Anita C.: Sensorische Integrationstherapie. Therapie und Praxis. Berlin, Heidelberg, Springer Verlag, 1998, S. 91

bezeichnet werden. Muskeln sind mit Sehnen am Knochen befestigt. Kontrahiert ein Muskel und zieht sich zusammen, entsteht Bewegung. Muskelspindeln befinden sich am Übergang vom Muskel zur Sehne und werden aktiviert, wenn die Sehnenfasern gedehnt werden. Dies geschieht, wenn sich der Muskel zusammenzieht und Zug auf die Sehne kommt.

Anders als bei den Muskelspindeln gibt es als Reaktion auf diesen Reiz keine monosynaptische, sondern eine polysynaptische Rückmeldung: Nicht der eigene Muskel wird als Reaktion auf den Reiz aktiviert, sondern der Gegenspieler. Dadurch wird der kontrahierte Muskel gedehnt und der Muskel-Sehnen-Komplex entspannt sich. Hierbei handelt es sich um eine Schutzreaktion des Körpers, weil auf diese Weise eine Überlastung verhindert wird. In Gefahrensituationen, wie beispielsweise einem Ausrutschen auf glattem Boden, kann dieser Effekt allerdings unterdrückt werden, damit der Körper sein Gleichgewicht wahren kann – Stabilität geht immer vor.

Golgi-Rezeptoren findest du aber nicht nur am Übergang vom Muskel zur Sehne, sondern auch in den Faszien und hier insbesondere in Muskelhüllen, den Aponeurosen (Faszienplatten) und den Ligamenten.

Eine Körperlandkarte wird erstellt

Die Muskelspindeln und die Golgi-Sehnenorgane, das heißt die Propriozeptoren, sind somit zuständig für Hemmung und Erregung der betroffenen Arbeitsmuskulatur und sorgen für Kontraktion und Dehnung der beteiligten Muskeln. Sie sind daher ausschlaggebend für das Körperbild und für eine stabile Bewegung. Durch Länge und Spannung der gelenknahen Muskulatur kann beispielsweise der Gelenkwinkel berechnet, verändert und reguliert werden.

Die von den Propriozeptoren wahrgenommenen und übermittelten Informationen helfen dem Gehirn dabei, ein Bild über Lage und Stellung des Körpers im Raum sowie über Kraftentwicklung und Körperbewegung zu gewinnen und ein Körperschema aufzubauen. Die propriozeptiven Informationen erstellen eine 3-D-Landkarte des Körpers. Dies ist der Grund, warum mittels Propriozeption die Wahrnehmung von Körperposition und Körperteilen im Raum sowie von Gelenk- und Körperbewegungen möglich ist und du im Selbstversuch mit geschlossenen Augen deine Zeigefinger vor deiner Nasenspitze zusammenführen kannst. Die propriozeptive Wahrnehmung ist Grundlage, um die Orientierung des Körpers im Raum, Geschwindigkeit und Bewegungsablauf kontrollieren zu können. Dank des propriozeptiven Feedbacks, das eine Bewegung erzeugt und das von den Propriozeptiven wahrgenommen wird, weiß das Gehirn, wie viel Kraft ein Muskel aufwendet und wie stark und wie schnell ein Muskel gedehnt wird. Noch während der Bewegung wird das Körperbild aktualisiert, damit das Gehirn die Bewegung vorplanen und die Muskeln entsprechend kontrahieren lassen kann (Feedforward-Kontrolle). Das propriozeptive Sinnessystem unterstützt den Körper, optimale und ökonomische Bewegungen auszuführen. Stärkst du das propriozeptive System, wirkt sich dies kräftigend auf den Körper deines Pferdes aus und verbessert die Bewegungsqualität.

Das taktile System: der Tastsinn

Das taktile System wird auch als Tastsinn bezeichnet und ist das größte Wahrnehmungssystem des Körpers – zumindest wenn

Wir Menschen kommunizieren mit unseren Pferden sehr stark über taktile und gustatorische Reize, beispielsweise indem wir unser Pferd an uns riechen lassen. *Foto © Lena Rosen*

wir die Faszien außen vor lassen, denn die Fläche der Faszien übersteigt die Fläche der Haut. Das taktile System umfasst die Haut und die Hautanhangsgebilde – beim Pferd wären das beispielsweise die Hufe. Die Haut ist weit mehr als nur eine Körperhülle, die das Innere des Körpers zusammenhält. Sie hat beispielsweise eine Schutzfunktion, weil sie den Körper vor dem Eindringen fremder Substanzen und mechanischen Verletzungen schützt, sie ist zuständig für die Temperaturregulation, sie ist Träger des Stoffwechsels, indem sie Schlacken durch die Schweißdrüsen abgibt, sie ist ein Atmungsorgan und sie ist aufgrund der zahlreichen sensorischen Rezeptoren ein wichtiges Sinnesorgan des Pferdes. Das taktile System stellt somit die Kommunikationsstelle zur Umwelt dar, weil es über die Haut exterozeptive Reize wie Berührung, Druck, Wärme und Kälte und sogar chemische Reize wahrnimmt.

Das taktile System ist nicht nur das größte Wahrnehmungssystem, es wird auch als „Ursprung aller Empfindungen" [15] bezeichnet,

[15] Montagu, Ashley: Körperkontakt. Die Bedeutung der Haut für die Entwicklung des Menschen. Klett-Cotta, 13. Ed. 2015, S. 7

[16] Vgl. Zimmer, Renate: Handbuch der Sinneswahrnehmung. Grundlagen einer ganzheitlichen Erziehung. Herder, 6. Ed. 1998, S. 109

[17] Zeitler-Feicht, Margit H.: Handbuch Pferdeverhalten. Ursachen, Therapien und Prophylaxe von Problemverhalten. Ulmer, 3. Ed. 2015, S. 67

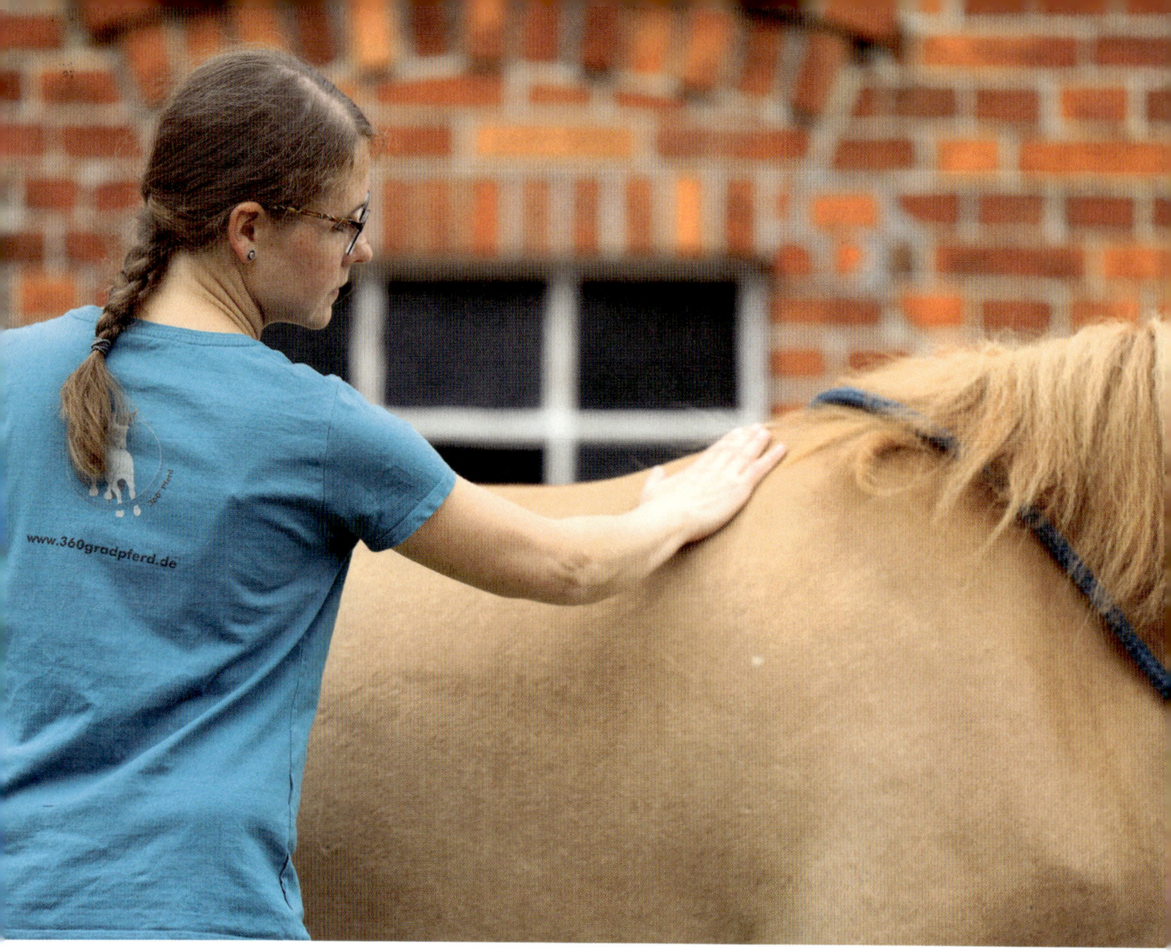

Langsame Streichungen können über die Aktivierung der Ruffini-Körperchen die Sympathikusaktivität senken und so für Entspannung beim Pferd sorgen. *Foto © Andrea Zachrau*

weil es das erste Sinnessystem ist, das sich ausbildet. Die Haut ist bereits vor der Geburt ein wichtiges Kommunikationssystem und während der Geburt wird es stimuliert, um die Organe auf Eigentätigkeit vorzubereiten. Hierzu trägt auch das Ablecken der Mutterstute nach der Geburt bei, das zur Anregung des Magen-Darm-Trakts[16] und der Hautdurchblutung[17] sowie zu einer olfaktorischen Bindung von Mutterstute und Fohlen führen soll. Auch wir Menschen kommunizieren mit unseren Pferden sehr stark über taktile Reize. Wir berühren und streicheln sie, wir geben Zügel-, Gewichts- und Schenkelhilfen, wir touchieren mit der Gerte, wir klopfen zur Belohnung den Hals usw. Berührungen spielen zudem im sozialen Miteinander eine wichtige Rolle.

In der direkten Kommunikation beschnuppern sich Pferde (olfaktorische Reize), nutzen ihre Körpersprache (visuelle Reize) und berühren sich (taktile Reize). Das Grooming dient beispielsweise nicht nur der gemeinsamen Fellpflege, sondern stärkt die Bindung zwischen den einzelnen Pferden. Spielaufforderungen erfolgen durch eine Berührung des Mauls oder ein wiederholtes Kneifen in die Vorderbeine.

Wie wichtig die Stimulation der Haut und der Hautkontakt auch für das Verhalten und das physische Wachstum von Tieren ist, wurde in verschiedenen Experimenten untersucht. So weiß man heute, dass Berührungen auch in der Tierwelt unter anderem für die Ausschüttung des sogenannten Kuschelhormons Oxytocin[18] und schmerzsenkender Endorphine sorgen und die Herzfrequenz reduzieren. Somit haben Berührungen direkten Einfluss auf das vegetative Nervensystem und die Aktivität von Sympathikus und Parasympathikus.

Für das Temperaturempfinden verantwortlich sind die Thermorezeptoren. Registrieren sie Kälte, nutzt das vegetative Nervensystem diese Informationen und veranlasst beispielsweise, dass der Herzschlag langsamer wird, sich die Gefäße zusammenziehen und die wärmenden Deckhaare aufgestellt werden. Dies hilft dem Pferd, sich zu wärmen. Bei Wärme hingegen werden die Gefäße geweitet und der Körper beginnt zu schwitzen. Beide Körperreaktionen sorgen für Abkühlung und verhindern ein Überhitzen des Körpers. Das Temperaturempfinden spielt in Bezug auf das sensomotorische Training eine eher untergeordnete Rolle, deswegen möchte ich an dieser Stelle nicht weiter darauf eingehen. Allerdings kannst du im Training mit Wärme als thermischem Reiz arbeiten, weil auch dies dazu beiträgt, einzelne Körperteile stärker ins Bewusstsein zu rücken. Zudem kann Wärme zu einer Entspannung der Muskelfasern führen, sodass nicht nur der Wärmereiz, sondern auch die daraus resultierende muskuläre Entspannung wahrgenommen wird.

Auch chemische Reize werden vom taktilen System wahrgenommen. Sie werden von den Chemorezeptoren registriert. Ein chemischer Reiz ist etwa der Sauerstoffgehalt der Luft, an den das vegetative Nervensystem die Atmung anpasst.

Zum taktilen System gehören darüber hinaus verschiedene Mechanorezeptoren, die ebenfalls zur Eigenwahrnehmung des Körpers beitragen und der adäquaten und funktionellen Körperbewegung dienen. Hierzu zählen die Ruffini- und die Vater-Pacini-Körperchen, die in den Gelenken und hier insbesondere in den Strukturen des Gelenkweichteilmantels wie den Gelenkkapseln und den Bändern, den Faszien und in den tiefen Hautschichten vorhanden sind. Dass sich auch in den Faszien Rezeptoren befinden, ist übrigens noch gar nicht so lange bekannt. Bis vor wenigen Jahren ist die Forschung davon ausgegangen, dass Faszien gar keine Nerven enthalten. Das Wissen darum, dass sich in den Faszien sehr viele Rezeptoren befinden, hat den Blick auf diese Gewebestruktur grundlegend verändert. Heute wird den Faszien eine große Bedeutung für den Körper und die Bewegung an sich zugesprochen und sie werden sogar als sechstes Sinnessystem bezeichnet, das insbesondere zum Spüren von Bewegung beiträgt.

Ruffini- und Vater-Pacini-Körperchen reagieren sensibel auf mechanische Reize wie Zug- und Druckveränderungen. Ruffini-Körperchen sind langsam adaptierende Mechanorezeptoren. Sie reagieren auf Dehnung und registrieren beim Beugen eines Gelenks unter anderem die Dehnung der Haut. Ruffini-Körperchen werden zum Beispiel bei Dehnungen und langsamen Streichungen angesprochen. Das Aktivieren der Ruffini-Körperchen kann eine entspannende Wirkung haben, indem dadurch die Sympathikusaktivität des vegetativen Nervensystems gesenkt wird. Die Ruffini-Körperchen in der Gelenkkapsel informieren darüber hinaus beispielsweise über die Gelenkstellung und damit einhergehend über Ort und Bewegung der Gliedmaßen.

Vater-Pacini-Körperchen sind schnell adaptierende Mechanorezeptoren, die bei Ruhe nicht aktiv sind. Sie nehmen Vibratio-

[18] Vgl. Dosdall, Christina & Guter-Wycisk, Kathrin: Angst & Stress beim Pferd. Symptome, Ursachen, Training. Müller Rüschlikon, 2021, S. 38.

nen wahr und senden kurze Impulse, wie sie beim Beschleunigen an der Gelenkkapsel erzeugt werden. Auf diese Weise melden sie sehr schnell schon geringste Bewegungen. Bei gleichbleibender Stimulation senden sie allerdings bereits nach zwei Sekunden nichts mehr. Vater-Pacini-Körperchen werden bei Vibration, schnellen Druckwechseln und variablen Bewegungen angesprochen.

In den Gelenken befinden sich übrigens die meisten Mechanorezeptoren des Körpers. Hat dein Pferd eine Gelenkerkrankung wie beispielsweise Arthrose, beeinträchtigt und verändert dies die Wahrnehmung im Umfeld des betroffenen Gelenks und der dazugehörigen Gliedmaße. Gleiches gilt für überbewegliche Gelenke, wie du sie zum Beispiel bei Pferden mit Hypermobilität vorfindest. Hypermobilität bedeutet, dass ein Körper aufgrund eines zu weichen Bindegewebes zu viel Bewegung zulässt. Ein solches Pferd hat weiche Gelenke, die eine abnorme Beweglichkeit zeigen.

Die Rezeptoren in den Gelenken reagieren vor allem, wenn es um Extrem- und Endstellungen geht. Das ist eine wichtige Schutzfunktion des Körpers. Wenn du beispielsweise stolperst und mit dem Fuß umknickst, wäre dies eine Extremstellung, bei der der Gelenkradius sowie die Muskeln, Sehnen und Bänder über ein gesundes Maß hinaus belastet werden. Auf diesen Reiz, der von den Golgi-Sehnenorganen wahrgenommen wird, reagiert der Körper reflexiv mit Kontraktion der Gegenspieler, um das Gelenk vor dieser ungesunden Bewegung, Überbeanspruchung und Verletzungen zu schützen. Ist nun aber das Bindegewebe weicher und dehnbarer, reagieren die Rezeptoren auch erst sehr viel später und dadurch gelangen fehlerhafte Informationen zum Gehirn. Das Verletzungsrisiko steigt. Die Wahrnehmung des eigenen Körpers und das Körpergefühl sind gestört und das Gehirn kann nicht für ausreichend Gelenkstabilität sorgen.

Ich habe schon mehrmals mit hypermobilen Pferden gearbeitet und der Unterschied zwischen einem hypermobilen Pferd und einem gesunden Pferd mit Balanceproblemen zeigte sich besonders beim Sensomotoriktraining sehr deutlich. Insbesondere das Training mit instabilen Untergründen stellt für hypermobile Pferde eine große Herausforderung dar und betroffene Pferde brauchen deutlich länger, um adäquate Bewegungslösungen für diese instabilen Situationen zu finden. Häufig reagieren sie zunächst mit sehr viel Körperspannung und nutzen hierfür ihre Bewegungsmuskeln. Hypermobile Gelenke brauchen immer eine adäquate muskuläre Unterstützung, insbesondere der gelenknahen Tiefenmuskulatur. Eine Anspannung der Bewegungsmuskeln, die vermeintliche Stabilität erzeugt, um die Instabilität auszugleichen, gilt es zu vermeiden, weil dann keine gesunde Bewegung möglich ist. Daher profitieren insbesondere diese Pferde vom Sensomotoriktraining, weil hierbei vor allem auch die Tiefenmuskulatur entlang der Gelenke angesprochen wird, die bei betroffenen Pferden für mehr Halt und Stabilität sorgt und ihnen ohne Verspannung hilft, eine bessere Körperstabilität zu erreichen.

Weitere Mechanorezeptoren, die zum taktilen System gehören, sind die Merkel-Zellen und die Meissner-Körperchen. Beide Arten von Rezeptoren befinden sich in den oberen Hautschichten und reagieren auf Berührung, Druckveränderungen und Deformation. Merkel-Zellen sind langsam adaptierende Mechanorezeptoren. Sie reagieren auf lang anhaltende Druckreize. Meissner-Körperchen sind dagegen schnell adaptierende Mechanorezeptoren, die auf Druckveränderung reagieren. Sie befinden sich in der Lederhaut. Im Bereich der behaarten Haut wird die Aufgabe

Die Tasthaare am Maul und an den Augen spielen eine wichtige Rolle beim Erkunden der Umwelt. *Foto © Lena Rosen*

der Meissner-Körperchen von den Haarfollikeln übernommen, die mit Nervenfasern umwickelt sind und ebenfalls zu den Mechanorezeptoren zählen. Beim Pferd ist vor allem der Haarfollikel der Tasthaare ein hochsensibler, mechanorezeptiver Komplex[19], der unter anderem bei der Erkundung der Umwelt eine wichtige Rolle spielt. Pferde haben am Auge und am Maul Tasthaare, die auch Sinushaare oder Vibrissen genannt werden und mit denen sie Erkundungen anstellen. So können sie beispielsweise mithilfe ihrer Tasthaare am Maul die Textur von Pflanzen ertasten und sogar herausfinden, ob eine Pflanze für sie fressbar ist.[20] Das Scheren der Tasthaare verstößt daher gegen das Tierschutzgesetz.

Berührst du das Fell deines Pferdes, wird diese Berührung als Reiz wahrgenommen. Dein Pferd spürt die Bürste beim Putzen, den Sattel auf seinem Rücken, es spürt die Bodenbeschaffenheit unter den Hufen, es spürt die Dehnung der Außenseite bei einer Biegung, es spürt den Wind, den Regen und die warmen Sonnenstrahlen. All dies hat Auswirkungen auf die Prozesse, die im Körperinneren stattfinden. Nehmen wir als Beispiel den Huf, der ein wichtiges Tastorgan des Pferdes ist: Beim Auffußen kann der Huf die Beschaffenheit des Untergrunds erkunden. Ist der Boden eher matschig und weich, sinkt der Huf in diesem weichen Boden eher ein und weitet sich nur wenig. Als Folge funktioniert der Pumpmechanismus des

[19] Meyer, W.: Haut und Hautorgane. In: Wissdorf, H., Gerhards, H., Huskamp, B. (Hrsg.): Praxisorientierte Anatomie des Pferdes. Schaper Verlag, Hannover 1998, S. 19-48.
[20] Krehbiehl, Mirjam: Anatomie der rostralen und caudalen Tasthaare beim Sambischen Riesengraumull (Fukomys mechowii) - Sinushaare oder Leithaare? Hannover 2010, S. 7

VESTIBULARSYSTEM

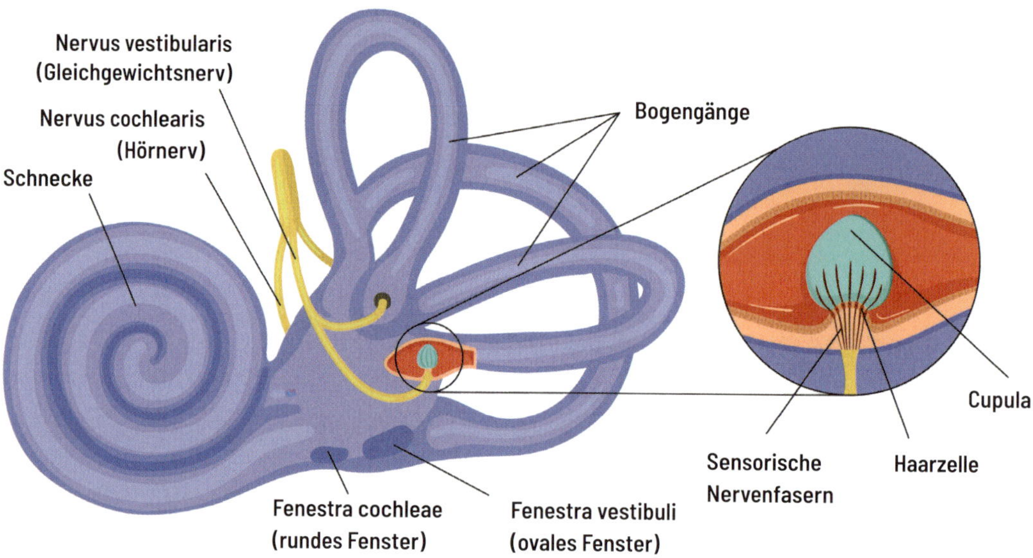

Das Gleichgewichtsorgan befindet sich im Innenohr und bildet eine anatomische Einheit mit dem Hörorgan.
Foto © Shutterstock/ Bulgakova Christina

Hufes weniger gut. Der Körper produziert kein festes Horn und der Huf wird weicher – dies hast du sicherlich in Zeiten von viel Regen schon erlebt. Ist der Boden dagegen eher hart, weitet sich der Huf beim Auffußen viel mehr. Die Lederhäute nutzen diese Informationen und produzieren hartes und widerstandsfähiges Horn. Darüber hinaus liefert der Huf Informationen über Unebenheiten des Bodens wie zum Beispiel kleine Steinchen. Zum einen wird der Stein unter der Hufsohle wahrgenommen, zum anderen wird die beim Auftreten auf den Stein im Vergleich zum Auftreten auf den planen Boden veränderte Gelenkstellung registriert. Das Gehirn kann die Körperbewegungen diesen Unebenheiten anpassen, indem die Gelenke entsprechend stabilisiert werden und die Körperbalance gewahrt wird. Nicht umsonst heißt es: Die Haltung beginnt bei den Füßen.

Das taktile System des Pferdes spielt auch eine wichtige Rolle bei der aktiven Erkundung der Umwelt. Hierbei findet zum Zwecke des Erkundens ein aktives Berühren von zum Beispiel Gegenständen statt, um Informationen über den Gegenstand an sich zu erlangen und Informationen darüber, was dieser Gegenstand kann. Wir Menschen würden den Gegenstand in die Hand nehmen und herausfinden, wie er sich anfühlt: warm, kalt, rau, glatt usw. Pferde nutzen hierfür einerseits ihre Hufe – wenn ein Pferd das erste Mal Mattentraining machen darf, wird es immer erst mit einem seiner Hufe die Matte ertasten. Es wird drauf stapfen und scharren und auf diese Weise erkunden, um was für einen Untergrund es sich handelt und ob dieser

Untergrund sicher und stabil ist. Die eigentliche Oberfläche nimmt es mit seinem taktilen System wahr. Ob der Boden hart oder weich ist, kann nicht allein mit dem Tastsinn wahrgenommen werden, hierfür ist auch die propriozeptive Wahrnehmung gefragt.

Die Informationen, die von den Sensoren und Rezeptoren des taktilen Systems wahrgenommen und anschließend verarbeitet werden, geben deinem Pferd aber nicht nur ein Bild seiner Umwelt, sondern zeigen ihm auch seine Körpergrenzen auf. Sie geben damit eine Antwort auf die relevante Frage: Wo fange ich an und wo höre ich auf?

In der Praxis erlebe ich häufig Pferde, die vermeintlich vergessen haben, dass sie auch noch eine Hinterhand haben. Dies ist jetzt sehr salopp ausgedrückt, denn natürlich wird die Hinterhand nicht wirklich vergessen. Dennoch wirkt es oft so, denn diese Pferde treten nicht aktiv unter den Schwerpunkt und laufen mit festgehaltener Rückenmuskulatur auf der Vorhand. Wenn ich diese Pferde rausnehme aus ihrem bisherigen Training und ihnen Übungen gebe, bei denen sie ihren Körper gezielt einsetzen müssen und ihre Hinterhand bewusst wahrnehmen können, verändert sich das Bild. Die Pferde entwickeln nach nur wenigen Trainingseinheiten von selbst und ohne Zwang die Bewegungsidee des „Tretens unter den Schwerpunkt".

Das vestibuläre System: der Gleichgewichtssinn

Jeder Mensch und jedes Tier muss sich mit der Erdanziehungskraft und der Bodenbeschaffenheit auseinandersetzen. Die notwendigen Voraussetzungen hierfür liefert der Gleichgewichtssinn, das vestibuläre System. Der Gleichgewichtssinn ist zuständig für die Aufrechthaltung des Körpers und die räumliche Orientierung. Zudem trägt er dazu bei, Beschleunigungen und Drehbewegungen wahrzunehmen und den Körper durch entsprechende Muskelaktivierung angemessen reagieren zu lassen, um die Stabilität zu wahren.

Zu den vestibulären Reizen zählen Schwerkraft, Linearbeschleunigung und Winkelbeschleunigung. Sie werden vom Vestibularorgan wahrgenommen. Das Vestibularorgan, das auf Schwerkraft, Lage- und Haltungsveränderungen des Körpers reagiert, befindet sich im Innenohr und bildet eine anatomische Einheit mit dem Hörorgan. Die Bezeichnung vestibular kommt daher, dass es im sogenannten Vorhof (lat. = vestibulum) des Innenohrs liegt. Das Innenohr wird als Labyrinth bezeichnet. Es handelt sich um ein mit Flüssigkeit gefülltes System mit Gängen und Hohlräumen und besteht aus einem knöchernen und einem häutigen Labyrinth. Ebenfalls zum Vestibularorgan gehören der Otolithenapparat mit den Makulaorganen Sakkulus und Utrikulus, die für das Wahrnehmen von Schwerkraft und Linearbeschleunigung zuständig sind, und den drei Bogengängen, die rechtwinklig zueinanderstehen und so die drei Ebenen des Raumes repräsentieren. Die Bogengänge nehmen Drehbeschleunigungen des Kopfes wahr. Das Vestibularorgan spricht nicht auf die Bewegung an sich an, sondern auf Geschwindigkeitsänderungen, die dazu führen, dass die Flüssigkeit in Schwung kommt und dabei der Druck auf die Sinneszellen, die wie Haare aussehen und Zilien heißen, verändert wird. Das bedeutet, dass keine gleichmäßigen Geschwindigkeiten wahrgenommen werden, sondern lediglich Geschwindigkeits- und Richtungsveränderungen.

Um dies nachvollziehen zu können, stell dir vor, wie es ist, wenn du im Zug sitzt und

Zusammenarbeit der Sinnessysteme

Alle Sinnessysteme arbeiten immer zeitgleich und lassen sich nicht voneinander trennen. Die Informationen, die sie an das zentrale Nervensystem senden, helfen diesem dabei, ein umfassendes Bild der Umwelt zu kreieren und den Körper adäquat auf die jeweilige Situation reagieren zu lassen.

dieser langsam losfährt. Im ersten Moment denkst du, dass der Zug auf dem Nachbargleis rollt, weil die sanfte Bewegung deines Zugs vom Gleichgewichtssinn noch nicht wahrgenommen wird. Erst wenn sich auch die Flüssigkeit im Labyrinth bewegt und sich der Druck auf die Zilien verändert, kommt der vestibuläre Reiz in deinem Bewusstsein an. Auch beim Autofahren nimmst du Geschwindigkeitsveränderungen wahr, wie sie beim Abbremsen und Beschleunigen stattfinden, nicht jedoch die Fahrgeschwindigkeit an sich.

Die wahrgenommenen Gleichgewichtsinformationen werden über den Nervus vestibularis zu den Vestibulariskernen im Hirnstamm weitergeleitet. Die Neuronen der Vestibulariskerne sind dabei sehr umfangreich verschaltet. Sie erhalten nicht nur Informationen des Gleichgewichtssinns, sondern auch von den Augen. Das vestibuläre und das visuelle System sind eng miteinander verknüpft. Eine Aufgabe des Gleichgewichtssinns ist beispielsweise die Blickfeldstabilisierung. So gibt es unter anderem Verbindungen zu den Augenmuskeln, die für die Augenbewegung und die Augenstellung zuständig sind. Dies führt dazu, dass die Abbildung der Außenwelt trotz Bewegung stabil bleibt – anders als es beispielsweise bei einer Kamera der Fall ist: Bewegst du dich mit der Kamera in der Hand, wackelt auch das aufgenommene Bild. Das Bild, das du hingegen mit deinen Augen wahrnimmst, ist stabil. Diese enge Verknüpfung von Gleichgewichtssinn und visuellem System ist übrigens auch der Grund, warum sehr vielen Menschen schlecht wird, wenn sie beim Autofahren lesen. Die visuellen Reize senden eine andere Information als die vestibulären Reize und beide Informationen widersprechen sich: Das visuelle System vermittelt Ruhe, das vestibuläre System nimmt Beschleunigungen wahr. Zudem erklärt die enge Verschaltung des Gleichgewichtssinns mit dem Sehsinn die Wirkung visueller Reize in Bezug auf die Balancefähigkeit, mit der unter anderem das Konzept der Dual-Aktivierung® arbeitet.

Auch gibt es Verbindungen des vestibulären Systems über das Rückenmark zur Tiefenmuskulatur entlang der Wirbelsäule. Insbesondere von den Propriozeptoren, von denen es zahlreiche in den kurzen Nackenmuskeln im Genickbereich gibt, werden Signale zu den Vestibulariskernen geleitet.

Anhand dieser Informationen – und natürlich in Kombination mit den Informationen der anderen Sinne – weiß das Gehirn, ob sich der Körper schnell oder langsam bewegt, ob es bergauf oder bergab geht, ob er sich linksherum oder rechtsherum bewegt, ob er ruht und ob eine motorische Antwort notwendig ist, damit der Körper in Balance bleibt. Eine motorische Antwort könnte sein, dass ein Bein anders abgestellt oder ein ganzer Schritt zur Seite gemacht wird. Der Gleichgewichtssinn vermittelt Informationen über die Lage des Körpers im Raum, die Schwerkraft und die Geschwindigkeit. Zusammen mit dem visuellen und dem propriozeptiven System sorgt eine adäquate Verarbeitung der Gleichgewichtsreize für eine angepasste Kopf- und Körperhaltung, geordnete Körperbewegungen und eine gute Orientierung im Raum. Anhand der wahrgenommenen Reize, die mit einer Verlagerung des Körpers im Raum einhergehen, kann das Gehirn also entscheiden, ob eine motorische Antwort erforderlich ist, um den Körper mit Aktivierung der jeweiligen Muskulatur in Balance zu halten oder beispielsweise ein Stolpern zu verhindern und den Balancezustand wiederherzustellen.

Die meisten Funktionen des vestibulären Systems liegen unterhalb der Bewusstseinsschwelle. Die Schwerkraft beispielsweise wird nicht bewusst wahrgenommen – der Körper reagiert jedoch darauf durch Aktivierung der Muskulatur, um eine aufrechte, stabile Körperhaltung zu gewährleisten. Laut der amerikanischen Entwicklungspsychologin Jean Ayres, die das Konzept der Sensorischen Integration begründet hat, bildet der Gleichgewichtssinn die Grundlage für alle anderen Sinneserfahrungen.[21] Funktioniert hier die Wahrnehmungsverarbeitung nicht adäquat, wirkt sich dies negativ auf die Verarbeitung anderer Wahrnehmungen aus.

Das visuelle System: das Sehen

Über die Bedeutung der Augen machen wir uns beim Training mit unserem Pferd in der Regel nur sehr wenig Gedanken. Das Fluchttier Pferd hat ein sehr großes Gesichtsfeld. Als Gesichtsfeld wird der Teil bezeichnet, der ohne Kopfbewegung und mit unbewegten Augen zu sehen ist. Die seitlich sitzenden Augen bieten dem Pferd nahezu eine Rundumsicht. Lediglich direkt hinter dem Pferdekörper gibt es schwarze Flecke. Dieses große Gesichtsfeld hilft dem Fluchttier, mögliche Gefahren in nahezu allen es umgebenden Bereichen der Umwelt erkennen zu können, und es zeigt, welche Bedeutung es auch für die Motorik hat: Das visuelle System hat Verknüpfungen zu allen an der Bewegungssteuerung beteiligten Bereichen des Gehirns sowie dem vestibulären und propriozeptiven Sinnessystem.

Die Rundumsicht und das große Gesichtsfeld bedeuten aber auch, dass dein Pferd neben sich so etwas wie ein schwarzes Loch hat, wenn es auf einem Auge blind ist oder aufgrund einer Krankheit wie der Periodischen Augenentzündung oder einer anderen Verletzung schlechter sieht. Häufig haben diese Pferde aufgrund der umfangreichen Verschaltung des visuellen Systems mit Balanceproblemen zu tun. Sie können aber lernen, das fehlende Auge bestmöglich zu kompensieren und hierbei kann Sensomotoriktraining helfen. Wie genau Pferde sehen können, ist noch nicht endgültig erforscht. Man weiß heute aber zum Beispiel, dass Pferde dichromatisch sehen, weil sie nur zwei Arten von Zapfen haben. Daher wird davon ausgegangen, dass ihr Farbsehen ähnlich ist wie bei Menschen, die eine Rot-Grün-Schwäche haben. Am besten können sie blaue Farbtöne sowie einen Gelb-Grün-Farbton erkennen.[22] Gelb von Grün zu unterscheiden fällt ihnen schwer. Anders als wir Menschen können Pferde nicht gut in der Nähe sehen und Dinge, die sich vor ihnen befinden, scharf stellen. Dafür haben sie eine gute Weitsicht und erkennen dort bereits kleinste Bewegungen – dies ist wichtig, um rechtzeitig fliehen zu können.

[21] Ayres, A. Jean: Bausteine der kindlichen Entwicklung. Springer Verlag, 2. Ed. 1992, S. 52

[22] Vgl. https://www.vetmeduni.ac.at/hochschulschriften/bakk-pferdewissen/AC10495837.pdf

Mit Übungen wie „Schritte zählen" lässt sich die Koordination verbessern. *Foto © Andrea Zachrau*

3

IT'S ALL ABOUT KOORDINATION!

Übergänge, Tritte verlängern, Hinterhand aktivieren

An der Sensomotorik beteiligt sind die Sinnesorgane, das Nervensystem und die Muskulatur. Das Zusammenspiel dieser drei Komponenten und die daraus resultierende Möglichkeit, jede beliebige Situation motorisch zu regulieren und zu beherrschen, wird Koordination genannt. Koordination ist somit die Grundlage von Bewegung und wichtig für die motorische Leistungsfähigkeit deines Pferdes. Du kannst sie dir als ein Orchester vorstellen: Jeder Muskel ist ein Musiker, der sein Instrument richtig gut beherrscht. Doch wenn jeder Musiker einfach seinen Lieblingssong spielt, klingt das Ergebnis der Musikergruppe nicht besonders angenehm. Wenn nun aber ein Dirigent dazukommt und jedem einzelnen Musiker sagt, welche Note er spielen soll, ob er laut oder leise, schnell oder langsam sein soll, kann aus diesen zahlreichen musikalischen Einzelteilen am Ende ein wunderschöner Song entstehen. Übertragen auf die Koordination bedeutet das: Die Muskeln sind die Musiker, die von den Sinnesorganen wahrgenommenen Reize sind die Noten und das zentrale Nervensystem ist der Dirigent, der den Einsatz, die Lautstärke und vieles mehr koordiniert. Nur wenn alle drei Komponenten harmonisch aufeinander abgestimmt sind, läuft es rund.

Pferde kommen als Nestflüchter auf die Welt. Innerhalb der ersten zehn bis 120 Minuten steht das Fohlen auf[23] und macht seine ersten Schritte. Wir Menschen dagegen sind Traglinge[24]. Wir haben voll entwickelte Augen und Ohren, müssen jedoch die ersten Monate

[23] Zeitler-Feicht, Margit H.: Handbuch Pferdeverhalten. Ursachen, Therapien und Prophylaxe von Problemverhalten. Ulmer, 3. Ed. 2015, S. 68

[24] Hassenstein, B. & Kirkilionis, E.: Der menschliche Säugling - Nesthocker, Nestflüchter oder Tragling? Wissenschaft und Fortschritt. Zeitschrift für interdisziplinäres Denken 42 (1), 1992, S. 24–28

getragen werden. Auch bewegt sich ein Säugling anfangs noch wenig differenziert. Erst im Laufe der Zeit werden aus den undifferenzierten Massenbewegungen koordinierte Einzelbewegungen und gezielte Bewegungsmuster. Doch auch wenn der Nestflüchter Pferd bereits bei der Geburt motorisch wesentlich weiterentwickelt ist als ein Menschenbaby, entstehen Bewegungsmuster genau wie beim Menschen auch dadurch, dass Einzelbewegungen vom Nervensystem gesteuert und koordiniert werden. Wie sich ein Pferd bewegt, ob es eher flache oder ausgreifende Bewegungen zeigt, ob es Dreigänger, Viergänger oder Fünfgänger ist, liegt an den Genen, die ihm mitgegeben werden. Wie gut es mit seinem Körper jedoch umgehen, ihn koordinieren und bewegen kann, liegt vor allem an seinen im Laufe des Lebens gesammelten Bewegungserfahrungen.

Die Koordination bzw. die koordinativen Fähigkeiten entwickeln sich und lassen sich trainieren. Bei uns Menschen geht man davon aus, dass die koordinative Entwicklung rund zwölf Jahre andauert.[25] Deswegen ist es so wichtig, dass Kinder sich viel bewegen und ihre Koordination schulen und stärken. Im Unterschied zu uns Menschen kommt der Nestflüchter Pferd quasi fertig auf die Welt und sein Organismus stellt sich in kürzester Zeit auf die Gegebenheiten ein. Doch genau wie bei uns Menschen auch, entwickelt sich die Koordination bei Pferdekindern erst mit der Zeit. Aus diesem Grund sind die artgerechte Haltung mit jeder Menge Bewegung für die Mutterstute und für das Fohlen so wichtig. Geht man davon aus, dass ein Menschenjahr etwa 6,5 Pferdejahren entspricht, sind die ersten zwei Jahre für das Pferd von größter Bedeutung. Und das heißt nicht, dass es in der Zeit geritten und trainiert werden sollte – auf gar keinen Fall! Vielmehr sollte sich das Pferd in dieser Zeit möglichst viel frei bewegen. Dies gelingt am besten, wenn es in einer Gruppe gleichaltriger Pferde auf einer großen Wiese steht, wo es laufen, spielen, bocken und springen kann. Wächst es stattdessen ohne gleichaltrige Pferde oder auf kleiner Fläche und damit ohne diese Bewegungsmöglichkeiten und Bewegungsanreize auf, ist die Koordination vergleichsweise weniger gut entwickelt. Doch nicht nur die Aufzucht junger Pferde spielt eine Rolle für eine gute Koordination: Je weniger sich dein Pferd in seinem Alltag frei und selbstbestimmt bewegen kann und mit unterschiedlichen Reizen wie verschiedenen Bodenbeschaffenheiten, Steigungen, Unebenheiten, Hindernissen usw. konfrontiert wird, desto weniger gut entwickelt ist die Koordination bzw. desto größer ist die Gefahr, dass die koordinativen Fähigkeiten abnehmen und sich unter anderem die Bewegungsstabilität und Bewegungsausführung deines Pferdes verschlechtert. Wird die Koordination hingegen verbessert, verbessert sich auch der Bewegungsablauf. Der Energieaufwand reduziert sich, während die Leistungsfähigkeit erhalten bleibt oder zunimmt. Ermüdungserscheinungen verringern sich und das Verletzungsrisiko nimmt ab.

Wenn wir beginnen, unsere Pferde zu reiten, fordern wir von ihnen eine Leistung ein, auf die wir sie durch unser Training vorbereiten müssen. Lektionen und Übungen sind das Ergebnis eines kontinuierlichen Leistungsaufbaus und das sichtbare Zeichen eines sensomotorischen Koordinationsprozesses. Nehmen wir als Beispiel das Schulterherein: Kein Pferd kommt auf die Welt und reagiert auf unsere Hilfen mit einem Schulterherein. Erst durch unser Training lernt es nach und nach diesen

[25] Häfelinger, Schuba: Koordinationstherapie. Propriozeptives Training. S. 20

Seitengang in seiner Komplexität auf unsere Hilfen hin, auszuführen. Hinter diesem einen Bewegungsmuster stecken viele Einzelbewegungen, die zusammengefügt und koordiniert werden: Die Hinterhand bewegt sich weiter geradeaus, die Vorhand wird nach innen geführt, wodurch sich die Unterstützungsfläche verändert. Das Pferd biegt sich, es ist nach innen gestellt, das innere Vorderbein fußt am äußeren Vorderbein vorbei, das Pferd verlagert sein Gewicht stärker nach hinten, die Hinterbeine nehmen mehr Last auf, das Pferd beugt seine Hanken usw. Das Schulterherein ist somit keine einzelne Bewegung, sondern ein Bewegungsmuster, bei dem dein Pferd verschiedene Einzelbewegungen zusammenfügt. Und je besser das Gehirn deines Pferdes über den ihm zur Verfügung stehenden Körper Bescheid weiß und erkennt, wie es die einzelnen Körperteile einsetzen kann, je hochwertiger die Datenlage der ihm zur Verfügung stehenden Informationen ist und je schneller es die Informationen hat, desto besser ist am Ende die Bewegung. Anfangs erfordert das Bewegungsmuster des Seitenganges sehr viel Energie und Konzentration.

Je öfter dein Pferd dieses Bewegungsmuster aber ausführt, desto leichter fällt es ihm. Das Bewegungsbild des Schulterhereins geht ins motorische Gedächtnis über. Der Kraftaufwand wird geringer und die Bewegung flüssiger. Daher spielt Koordinationstraining eine wichtige Rolle, wenn es darum geht, langfristig Bewegungsmuster zu verbessern. Statt Runde um Runde das Schulterherein zu üben, kannst du mithilfe von Sensomotoriktraining, auch ohne am Problem zu arbeiten, das Problem lösen, indem du die Koordination deines Pferdes verbesserst. Was Koordination eigentlich ist, besprechen wir jetzt. Koordination lässt sich in zwei Arten unterteilen: intramuskuläre Koordination und intermuskuläre Koordination.

Intermuskuläre Koordination

Bei der intermuskulären Koordination geht es um das Zusammenspiel mehrerer an einem Bewegungsablauf beteiligter Muskeln. Muskeln arbeiten paarweise, ein Muskel zieht sich zusammen (der Agonist), der andere Muskel wird gedehnt (der Antagonist). Beide Muskeln müssen zeit- und kräftemäßig optimal aufeinander abgestimmt reagieren bzw. interagieren, um effektiv zusammenzuarbeiten und eine harmonische, flüssige und präzise Bewegung zu erzeugen oder um die Gelenkstabilität zu erhöhen und eine Verletzung zu verhindern. Ist die intermuskuläre Koordination gut ausgebildet, kann der Körper Bewegungen ökonomischer ausführen und verhindern, dass Muskelgruppen, die nicht für eine Bewegung erforderlich sind, mitbewegt und aktiviert werden. Dadurch wird weniger Energie verbraucht und gleichzeitig die Leistungsfähigkeit des Körpers gesteigert, weil die eingesparte Energie an anderer Stelle wieder effektiv eingesetzt werden kann.

Intramuskuläre Koordination

Bei der intramuskulären Koordination geht es nicht um das Zusammenspiel mehrerer Muskeln, sondern um die Aktivierung von Muskelfasern eines einzelnen Muskels. Je mehr Muskelfasern aktiviert werden, desto mehr Kraft kann der Muskel entwickeln. Intramuskuläre Koordination spricht somit Mechanismen der Kraftentwicklung an und spielt beim effektiven Krafttraining eine wichtige Rolle.

Formen der Muskelarbeit

Um zu verstehen, wie bedeutend die intermuskuläre und die intramuskuläre Koordination für dein Pferd, sein Training und seine Leistung sind, musst du wissen, dass es drei unterschiedliche Arten von Muskelarbeit gibt:

- **Exzentrische Muskelarbeit:** Ursprung und Ansatz entfernen sich voneinander, der Muskel wird länger, er wird gedehnt.
- **Konzentrische Muskelarbeit:** Ursprung und Ansatz des Muskels nähern sich an und der Muskel verkürzt sich, er kontrahiert.
- **Isometrische Muskelarbeit:** Der Muskel spannt an, ohne seine Länge zu verändern.

Je nachdem, welche Form der Muskelarbeit im jeweiligen Augenblick als Reaktion auf die gegebene Situation benötigt wird, werden andere Befehle gegeben. Je besser Körperwahrnehmung und Koordination, desto schneller, stabiler und zielgerichteter kann die Reaktion sein. Hinter Koordination steckt also viel mehr als die „Hand-Augen-Fuß-Koordination", an die wir häufig zunächst denken. Vielmehr ist Koordination die Grundlage für jede zielgerichtete, stabile und sichere Bewegung. Jede neue Position fordert immer eine Aktivierung von Agonist und Antagonist und je mehr Bewegungsvielfalt der Körper erfährt, desto stärker wird dieses Zusammenspiel trainiert und verbessert.

Bewegung setzt sich zusammen aus den Komponenten Koordination, Kraft und Ausdauer. Ökonomisch werden Bewegungen, wenn sie etwa mit einer geringen Ermüdungsentwicklung über einen längeren Zeitraum hinweg effektiv durchgeführt werden können (Ausdauer) und ausreichend Kraft vorhanden ist, um sie zu halten oder abzubremsen.. Ohne Koordination funktionieren Kraft und Ausdauer nicht und umgekehrt benötigt Koordination immer auch eine Mindestfähigkeit an Kraft und Ausdauer. Ein Beispiel aus deinem Alltag, das dir verdeutlichen soll, was dahintersteckt: Du kennst es sicherlich aus eigener Erfahrung, dass du nach einem Shoppingtag in der Stadt wesentlich erschöpfter bist als nach einer Wanderung. Dies liegt daran, dass deine Bewegungen beim Shoppen im Vergleich zu den Bewegungen beim Wandern wenig ökonomisch sind: Während du beim Wandern gleichmäßige Bewegungen machst, sind diese beim Shoppen ungleichmäßig und damit anstrengend. Das Zusammenspiel der Muskeln wird in diesem Fall sehr viel stärker gefordert und aufgrund ungewohnter Bewegungen werden mehr Muskeln benutzt. Ein Ausritt, bei dem dein Pferd ebene Wege geradeaus in einem gleichmäßigen Tempo laufen kann, ermüdet den Körper weniger stark als eine abwechslungsreiche Trainingseinheit auf dem Platz mit vielen Übergängen, Bahnfiguren und Seitengängen.

Die Verbesserung der intra- und intermuskulären Koordination ist wichtig für ein erfolgreiches Krafttraining, dies gilt insbesondere für die intermuskuläre Koordination, die den adäquaten Einsatz von Agonist und Antagonist steuert und bedeutend ist für die Kraftentwicklung von Muskelketten. Eine gute Koordination geht außerdem damit einher, dass stereotype Bewegungsmuster automatisiert ablaufen. Du denkst beim Leichttraben nicht mehr darüber nach, wie es funktioniert, sondern stehst auf, wenn das äußere Vorder- und das innere Hinterbein nach vorn schwingen. Allerdings hast du diese Bewegung auch schon unzählige Male gemacht, ehe sie automatisiert ablaufen konnte. So ist es auch bei unseren Pferden: Wir müssen Dinge immer wieder üben, damit sie wirklich sitzen und automatisiert ablaufen können. Werden allerdings fehlerhafte Bewegungsabläufe immer wiederholt, kann dies auf Dauer eher schädlich als förderlich sein. Die Ursachen für fehlerhafte Bewegungsmuster sind vielfältig. Setzt du dich beispielsweise auf ein untrainiertes Pferd, wird dieses auf seine Bewegungsmuskeln zurückgreifen, um dein Gewicht auf seinem Rücken tragen zu können und seine Stabilität nicht zu verlieren. Die Konsequenz daraus ist, dass seine Bewegungen eingeschränkt sind. Nutzt dein Pferd beispielsweise den langen Rückenmuskel, der ein Bewegungs- und kein Haltemuskel ist, kann es nicht mehr adäquat mit der Hinterhand untertreten und über den Rücken gehen, wie man so schön sagt. Dein Pferd wird sich vermehrt auf der Vorhand bewegen und seine Balance verlieren. Ein gesundes Bewegungsmuster ist nicht möglich. Gelingt dir eine Übung nicht, solltest du auf die drölfzigste Wiederholung verzichten und stattdessen nach der Ursache für eure Schwierigkeiten forschen. Gestalte Dein Training außerdem immer variabel und abwechslungsreich.

Die koordinativen Fähigkeiten

Koordination ist nicht allein das physiologische Zusammenspiel der Muskeln im Körper, hinter Koordination stecken auch verschiedene koordinative Fähigkeiten. Diese stellen die Grundlage jeder Bewegung dar und sind wichtig für das Bewegungslernen, die Bewegungssteuerung und -anpassung sowie die Grundlage für das Training von Kraft, Ausdauer, Schnelligkeit und Beweglichkeit. Trainierst und verbessert du die koordinativen Fähigkeiten, verbessert sich automatisch der motorische Output deines Pferdes und damit letztlich die Qualität seiner Bewegung.

Balancefähigkeit

Balancefähigkeit bedeutet, dass der Körper in der Lage ist, die Balance zu wahren oder wiederherzustellen, wenn sie verloren gegangen ist. Eine gute Balancefähigkeit macht die Bewegungskontrolle leichter, sorgt für sichere Bewegungen und reduziert das Risiko von Verletzungen.

Rhythmisierungsfähigkeit

Werden Bewegungen in einem bestimmten Rhythmus ausgeführt, spricht man von Rhythmisierungsfähigkeit. Bezogen auf das Pferd ist dies vor allem der Takt. Schritt ist ein Viertakt – ebenso wie der Tölt. Trab ist, genau wie Pass, ein Zweitakt, der Galopp ein Dreitakt. Eine rhythmisierte Bewegung ist wichtig, damit Muskeln immer wieder anspannen und entspannen können und nicht so schnell ermüden. Gehst du in der Innenstadt shoppen, ermüden deine Muskeln schneller und das Gehen ist anstrengender, als wenn du eine Wanderung unternimmst und dich im gleichmäßigen Rhythmus fortbewegst. Häufig passen sich auch der Bewegungs- und der Atemrhythmus einander an. Du selbst kennst das vielleicht vom Joggen oder vom Yoga, wo Atmung und Bewegung eng miteinander verknüpft werden. Beim Pferd lässt sich die Verbindung von Bewegung und Atmung besonders gut beim Galopp erkennen: Eingeatmet wird, wenn die Vorderbeine in der Luft sind. Berühren sie den Boden, wird ausgeatmet.

Orientierungsfähigkeit

Bei der Orientierungsfähigkeit geht es um die Fähigkeit, den eigenen Körper sicher im freien Raum zu bewegen und bei willkürlichen und unwillkürlichen Bewegungen die Orientierung zu behalten. Die Orientierungsfähigkeit ist eng verknüpft mit der Raum-Lage-Wahrnehmung, für die primär der Gleichgewichtssinn in Zusammenarbeit mit dem visuellen System verantwortlich zeichnet.

Eine gute Orientierungsfähigkeit braucht dein Pferd beispielsweise, wenn ihr mit mehreren anderen Pferden auf dem Platz reitet, wenn dein Pferd wild bockend mit anderen Pferden über die Wiese rennt oder auch beim Springtraining. Die Informationen, die maßgeblich zur Orientierungsfähigkeit beitragen, kommen von den Augen, von den Ohren und von der Eigenwahrnehmung, der Propriozeption.

Kinästhetische Differenzierungsfähigkeit

Kinästhetische Differenzierungsfähigkeit ist die Fähigkeit des Körpers, eine Bewegung präzise, sicher und ökonomisch mit dem richtigen Krafteinsatz auszuführen. Dabei geht es zum Beispiel um das richtige Einschätzen von Entfernungen, Höhen, Tiefen, Abständen und Geschwindigkeiten. Damit dein Pferd Bodenhindernisse gut übersteigen kann, erfolgreich einen Springparcours absolvieren und Seitengänge wie beispielsweise ein Schulterherein oder ein Travers präzise ausführen kann, braucht es eine gute kinästhetische Differenzierungsfähigkeit.

Umstellungsfähigkeit

Situationen verändern sich und der Körper muss stets in der Lage sein, die aktuelle Handlung der neuen Gegebenheit anzupassen, zu verändern und sich sicher und schnell auf die veränderte Situation einzustellen. Das Umstellen kann bezogen sein auf situative Dinge – der Wechsel von bergab zu bergauf und von harten auf weichen Untergrund – und auf generelle Dinge wie die Veränderung des normalen Trabs zu einem verstärkten Trab oder die Erhöhung eines Springparcours von L- auf M-Niveau. Reitest du erst auf hartem Asphalt und biegst dann auf einen weichen Grasweg ab, muss sich die Muskulatur deines Pferdes umstellen und sich auf die veränderte Situation mit den neuen Gegebenheiten anpassen. Die Umstellungsfähigkeit wird auch gefragt, wenn du gewohnte Bewegungsabläufe veränderst. Reitest du im Gelände die gleichen Strecken immer im gleichen Tempo, weiß dein Pferd, wann es Zeit ist zum Angaloppieren. Die Umstellungsfähigkeit sprichst du an, wenn du diese gewohnten Bewegungsmuster variierst und die beliebte Galoppstrecke zum Beispiel im Schritt gehst.

Kopplungsfähigkeit

Werden Einzelbewegungen zu einer Gesamtbewegung, die ein bestimmtes Handlungsziel verfolgt, spricht man von Kopplungsfähigkeit: Dein Pferd galoppiert auf ein Hindernis zu, springt ab, fliegt drüber hinweg, landet und galoppiert weiter. Oder du übst mit deinem Pferd die Lektion „Schaukel", bei der es sich fließend rückwärts, vorwärts, rückwärts und wieder vorwärtsbewegt. Dabei werden Einzelbewegungen zu einer Gesamtbewegung verbunden.

Reaktionsfähigkeit

Unter Reaktionsfähigkeit versteht man die prompte Reaktion auf ein visuelles, akustisches oder taktiles Signal. Dabei geht es um die Wahrnehmungszeit, die Erkennungszeit und die Entscheidungszeit bzw. die Zeit zwischen Reizaufnahme, Reizveränderung und Tonusänderung der Muskulatur, die zu einer Bewegung führt.

Eine gute Reaktionsfähigkeit ist etwas, das wir Menschen bei unseren Pferden voraussetzen: Wir geben eine Hilfe und erwarten eine prompte Umsetzung der gewünschten Bewegung. Dies betrifft das Anhalten, den Wechsel von einer Gangart in die nächste, ein Umspringen beim Galoppwechsel usw. Reagiert das Pferd nicht so schnell, wie wir es gern hätten, werden wir Reiter schnell ungerecht. Nehmen wir als Beispiel das Anhalten: Wie vielen Pferden wird mit harter Hand im Maul rumgezerrt, weil sie nicht prompt reagieren und sofort stehen bleiben?

Am Beispiel des Anhaltens lässt sich das Zusammenspiel der koordinativen Fähigkeiten erkennen: Dein Pferd muss zunächst einmal die Hilfengebung verstehen.[26] Dann muss es prompt darauf reagieren, sein aktuelles Bewegungsmuster umstellen, seinen Schwerpunkt verlagern und sich ausbalancieren, es muss darauf achten, wo es stehen bleibt usw. Bei nur einer einzigen alltäglichen und vermeintlich leichten Aufgabe wie dem Anhalten werden viele verschiedene koordinative Fähigkeiten gefordert. Mithilfe des Sensomotoriktrainings verbesserst du gezielt die Koordination deines Pferdes und steigerst auf diese Weise seine motorische Leistungsfähigkeit und damit seine Bewegung. Die Bewegungsabläufe werden stabiler und harmonischer. Die Bewegungsökonomie verbessert sich, sodass Bewegungen weniger Kraft von deinem Pferd erfordern. Ist dein Pferd aufgrund einer guten Koordination in der Lage, sich in verschiedensten Situationen sicher und ausbalanciert zu bewegen, reduziert dies das Verletzungsrisiko allgemein. Zudem hat all dies nicht nur Auswirkungen auf das sichtbare Ergebnis unter dem Sattel, sondern auch auf das mentale Befinden deines Pferdes. Pferde, die sich sicher und kraftvoll bewegen können, sind auch im Alltag entspannter und weniger schreckhaft. Nehmen Pferde die positiven Auswirkungen verschiedener Übungen auf ihren Körper wahr, steigert das zudem ihre Motivation und Trainingsbereitschaft. Am Ende erleichtert eine gute Koordination deinem Pferd seinen Alltag. Wir Menschen entscheiden schließlich, wo und wie unser Pferd lebt und wann, wie und wie oft es trainiert wird. Um all diesen Erwartungen und Bedingungen besser gerecht zu werden, helfen deinem Pferd ein gutes Körpergefühl und eine gute Koordination ungemein.

Das Reiten von Seitengängen wie dem Schulterherein und dem Travers stellt eine große koordinative Herausforderung dar. *Foto © Karen Diehn*

[26] An dieser Stelle möchte ich gern den Hinweis geben, dass wir Menschen sehr oft unklare Hilfen geben und mit dem Körper nicht das ausdrücken, was wir eigentlich wollen. Reagiert das Pferd nicht angemessen, wird es zu Unrecht bestraft. Bei jeder nicht richtigen Reaktion unseres Pferdes sollten wir Menschen uns daher zuerst fragen, ob wir die Aufgabe ausreichend verständlich formuliert haben oder ob wir unsere Hilfe nicht vielleicht anders geben sollten.

Schon einfache Übungen, die sich leicht in den Alltag einbinden lassen, können Koordination und Körperwahrnehmung verbessern. Foto © Andrea Zachrau

4

SENSOMOTORIK-TRAINING IN DER PRAXIS

Beim Sensomotoriktraining geht es darum, mithilfe von Reizen Sinneserfahrungen zu sammeln, die den Gleichgewichtssinn, die Eigenwahrnehmung und die taktile Wahrnehmung ansprechen und die Koordination - zwischen den einzelnen Muskeln und innerhalb eines Muskels - verbessern. Durch eine vermehrte Aktivierung der Tiefenmuskulatur, die reflektorisch für Stabilität sorgt, entsteht mehr Stabilität, was am Ende zu mehr Bewegungssicherheit führen und so die Bewegungskompetenz und die Bewegungsqualität deines Pferdes verbessern kann. Gehst du mit deinem Pferd beispielsweise über einen instabilen Untergrund, erfordert dies ein anderes Haltungs- und Bewegungsprogramm als gewohnt. Auf diese neuen Reize muss eine angepasste muskuläre Reaktion erfolgen. Das führt zu einer Veränderung von Anspannungs-, Haltungs- und Bewegungsmustern. Diese neuen Bewegungsmuster, die dein Pferd durch die ungewohnten Reize erlernt, helfen dem Gehirn dabei, Bewegungen und Körperhaltungen insgesamt zu ökonomisieren und damit zu verbessern.

Statisches und dynamisches Gleichgewicht

Sprechen wir darüber, das Gleichgewicht und die Balance zu wahren, müssen wir unterscheiden zwischen statischem und dynamischem Gleichgewicht. Das statische Gleichgewicht, das auch als statische posturale Kontrolle bezeichnet wird, ist ein ortsgebundenes Gleichgewicht im Stand. Hierbei geht es darum, den Körper auf der ihm zur Verfügung stehenden Unterstützungsfläche auszubalancieren. Die Unterstützungsfläche erhältst du, wenn du die vier Hufe deines Pferdes miteinander verbindest. Je kleiner die Unterstützungsfläche und je instabiler der Untergrund, desto schwieriger ist es, das Gleichgewicht zu halten. Die rechteckige Unterstützungsfläche des Pferdes erscheint auf den ersten Blick groß und man möchte meinen, dass es dem Pferd leichtfallen sollte, seinen Körper auf dieser Fläche auszubalancieren. Allerdings hat das Pferd einen langen Hals und einen großen, schweren Kopf, was beides über die Unterstützungsfläche hinausragt. Das ist auch der Grund, warum von Natur aus rund 60 Prozent des Gewichtes eines Pferdes auf der Vorhand und damit im vorderen Bereich der Unterstützungsfläche liegen und warum so viele Pferde stark vorhandlastig sind. Die Unterstützungsfläche ist nicht immer gleich. Mit jeder Beinbewegung verändert sie sich. Hebt dein Pferd beispielsweise einen Huf, wird sie dreieckig. Dies macht es für dein Pferd herausfordernder, sich und seinen Körper darüber auszubalancieren, und dies ist der Grund, warum es vielen Pferden so schwerfällt, ihre Hufe zu heben. Soll sich dein Pferd versammeln, wird die Unterstützungsfläche ebenfalls kleiner und dein Pferd braucht eine gute dynamische posturale Kontrolle, um sich so bewegen zu können.

Aus diesem Grund bringt Gleichgewichtstraining Stabilität und Bewegungssicherheit mit sich, die deinem Pferd auch in anderen Situationen hilft. Für Halt und Stabilität ist vor allem die Tiefenmuskulatur zuständig, die mit Stabilitäts- und Balancetraining angesprochen und trainiert wird.

Bei der statischen posturalen Kontrolle geht es darum, das Gewicht im Stand auf der Unterstützungsfläche auszutarieren. Bei der dynamischen posturalen Kontrolle geht es darum, das Gleichgewicht in der Bewegung zu halten. Hierfür ist die enge Wechselwirkung zwischen vestibulären und visuellen Afferenzen bedeutsam, also das Zusammenspiel von Sehen und den Gleichgewichtsreizen. Auch hier immer mit dabei ist die kinästhetische Wahrnehmung, weil die Antwort auf vestibuläre und visuelle Reize propriozeptiv über Muskelspannung und das entsprechende Feedback erfolgt. Reflexe als Antwort auf wahrgenommene propriozeptive Reize sorgen beispielsweise für eine Korrekturbewegung von Rumpf, Extremitäten und Augen. So trägt der Gleichgewichtssinn nicht nur zu einer stabilen Haltung bei, sondern auch zu einem ökonomischen Krafteinsatz.

Übung zur Selbsterfahrung

Erlebe die Bedeutung des Zusammenspiels von visueller, vestibulärer, propriozeptiver und taktiler Wahrnehmung im Selbstversuch: Stell dich hierzu entspannt mit zwei Beinen aufrecht hin und nimm beide Arme zur Seite hoch. Dann hebst du ein Bein nach vorne oben an, sodass Oberschenkel und Unterschenkel einen rechten Winkel bilden. Stehst du stabil, lässt du die Arme sinken und drehst anschließend deinen Kopf einmal mit offenen und danach mit geschlossenen Augen nach links und einmal nach rechts. Was verändert sich? Wie fühlt sich die Übung für dich an, ist es leicht, ist es schwer? Anschließend führst du die Übung mit dem anderen Bein durch. Danach stellst du dich auf einen instabilen Untergrund – ein Balance-Pad, ein Kissen oder auf die Matratze – und wiederholst die Übung.

Das Drei-Phasen-Modell

Um dein Training sinnvoll zu gestalten, brauchst du eine Struktur. Dies hilft dir dabei, eine objektiv erkennbare Leistungsverbesserung zu erzielen. Objektiv bewertbar bedeutet, dass du die Ist-Situation deines Pferdes kennst, ein konkretes Ziel definierst und nach einem festgelegten Zeitraum bewertest, wie die neue Ist-Situation aussieht. Fällt es deinem Pferd beispielsweise zu Beginn schwer, Schritt für Schritt über eine Stange zu treten, weil es immer direkt das zweite Vorderbein nachsetzen muss, kannst du am Ende der Trainingseinheit bzw. nach zwei, drei Trainingseinheiten schauen, ob das Problem noch immer besteht oder ob es dein Pferd schafft, erst ein Vorderbein zu setzen und nach einer kurzen Pause das zweite Vorderbein. Durch das Identifizieren des Problems und eine strukturierte Trainingsgestaltung kannst du die Bewegungsleistung - in diesem Beispiel die Balance - verbessern.

Um das Sensomotoriktraining strukturiert und zielgerecht nutzen zu können, verwende ich das Drei-Phasen-Modell. Jede Phase hat einen individuellen Schwerpunkt und entsprechend zugeordnete Übungen. Die Übungen selbst lassen sich beliebig kombinieren, sodass du mit deinem Pferd sowohl Übungen aus Phase eins als auch aus Phase zwei mit Übungen aus Phase drei verbinden kannst, indem du beispielsweise dein Pferd bei Übungen aus Phase drei mit einem Körperband unterstützt oder es zwischen den Bewegungsübungen auf einen instabilen Untergrund stellst.

Phase 1: Aktivierung

Die erste Phase ist die Grundlagenstufe. Sie umfasst Übungen, die einer besseren Körperwahrnehmung dienen und vorrangig die Tiefenmuskulatur und damit die haltungsrelevanten Muskeln ansprechen und aktivieren. Dies trägt unter anderem zu einer besseren Gelenkstabilität bei und schafft die Grundlage für höhere Belastungen. Außerdem schützt das Training der Tiefenmuskulatur die empfindliche Wirbelsäule deines Pferdes. Es verbessert nicht nur die Rumpfstabilität, was wichtig ist für eine stabile und koordinierte Bewegung, sondern trägt auch zu einer besseren Rückengesundheit bei. Im Rahmen dieser ersten Grundlagenstufe wird dein Pferd mit neuen und ungewohnten Reizen vertraut gemacht.

Phase 2: Statische Stabilität

Die zweite Phase ist die Stabilitätsstufe. In dieser Phase geht es um eine Verbesserung der statischen posturalen Kontrolle und sie umfasst Übungen, die in der Regel im Stand bei wechselnder Unterstützungsfläche durchgeführt werden.

Beim Übungsaufbau wird die Dynamik der Übungen langsam gesteigert. Die langsamen und bewussten Bewegungsausführungen dieser Phase sollen es deinem Pferd ermöglichen, adäquat auf destabilisierende Reize zu reagieren, um stabile Bewegungen auszuführen. Auch wird dein Pferd unterstützt, Feedback-Mechanismen, die der Bewegungskorrektur dienen, verbessern zu können. Hierbei wird der vorab im Gehirn erstellte Bewegungsplan mit dem motorischen Output verglichen und dieser bei Bedarf korrigiert, indem die Muskelaktivität angepasst wird. Das heißt zum Beispiel, dass dein Pferd lernt, seine Beine höher zu heben, wenn es über ein Hindernis am Boden steigt, dass es lernt, seinen Schwerpunkt so zu verlagern, dass es in Balance bleibt und dass es seine Muskeln adäquat an- und abspannt, um eine Bewegung optimal ausführen zu können. Das durch die Bewegung erzeugte sensorische Feedback trägt dazu bei, dass dein Pferd etwas über seinen Körper lernt. Je mehr dein Pferd über seinen Körper weiß, desto besser kann es ihn einsetzen, desto ausbalancierter kann es sich bewegen und desto besser ist seine Gesamtkoordination und damit die Bewegungsausführung.

Phase 3: Dynamische und reaktive Stabilität

Phase zwei geht nahtlos über in Phase drei, bei der es vorrangig um die Optimierung der dynamischen posturalen Kontrolle und der reaktiven Stabilität geht und die Übungen an Dynamik gewinnen. Eine gute reaktive Stabilität ermöglicht eine verbesserte Bewegungsplanung. Die sogenannte Feedforward-Kontrolle sorgt dafür, dass Muskeln bereits vor der Bewegung aktiviert werden, damit die eigentliche Zielbewegung stabil und erfolgreich ausgeführt werden kann. Diese Vorabaktivierung der Muskulatur ist zum Beispiel wichtig, damit beim Auffußen ausreichend Stabilität vorhanden ist, um die Energie abzufangen. Wären die Muskeln nicht aktiv, würde dein Pferd beim Auffußen in sich zusammensacken.

Wurden die Trainingseinheiten anfangs noch eher ruhig und langsam gestaltet, kann mit der Zeit immer mehr Variabilität ins Spiel kommen. Darüber hinaus gilt es, die neuen Bewegungsmuster zu festigen und mit deinem eigentlichen Training zu verknüpfen, um gewohnte Bewegungsmuster zu unterbrechen und zu optimieren.

Die Unterteilung in drei Phasen soll dich dabei unterstützen, das sensomotorische Training mit deinem Pferd sinnvoll und zielgerichtet aufzubauen, ohne dass du dein Pferd mit Übungen überforderst, die noch zu schwer sind. Selbstverständlich kannst du die Übungen, die den einzelnen Phasen zugeordnet sind, auch beliebig kombinieren. Beachte dabei:

- Unterschwellige Reize haben keine Trainingswirkung.
- Schwache Reize sind anregend.
- Starke Reize bewirken eine Anpassung.
- Zu starke Reize wirken negativ.

Sinnvoller Trainingsaufbau

Beim Aufbau einer sensomotorischen Trainingseinheit solltest du dich nach Möglichkeit an folgendem Aufbau orientieren:

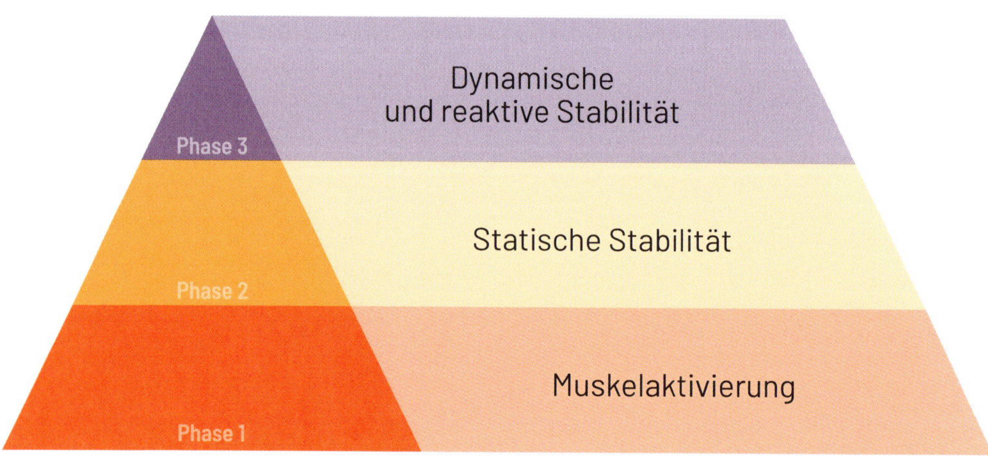

- **leicht -> schwer** (erst die Matte, dann die Wippe)
- **stabil -> instabil** (Übungen erst auf festem Untergrund durchführen und später auf der Matte)
- **einfach -> komplex** (erst ein einzelner Bewegungsaspekt, dann eine Kombination unterschiedlicher Übungen und Bewegungsmuster)
- **langsam -> schnell** (im Stand mit vorhersehbaren Bewegungen starten, im Laufe der Zeit auch schnelle Bewegungen hinzunehmen)
- **notwendig -> attraktiv** (erst Übungen wählen, die aufgrund von Problemen notwendig sind, und dann später Übungen, die in erster Linie Spaß machen)

Sinnvoll ist es, wenn im Rahmen einer sensomotorischen Trainingseinheit die Reizwahrnehmung vielfältig ist, weil dies die Wahrnehmungsverarbeitung erleichtern kann. Du solltest allerdings darauf achten, dass du dein Pferd nicht wahllos mit Reizen überfrachtest, weil du versuchst, so viele Übungen wie möglich in einer Einheit unterzubringen.

Setze lieber gezielte Schwerpunkte und lass dein Pferd die einzelnen Übungen ruhig und bewusst durchführen. Die Reizvielfalt kannst du erhöhen, indem du die Übungen variabel gestaltest. Dies gilt insbesondere dann, wenn dein Pferd ein konkretes Problem hat, das du verbessern möchtest. Bevor du Reize kombinierst, empfehle ich dir, dein Pferd zunächst mit den einzelnen Reizen vertraut zu machen.

Vor allem am Anfang ist Sensomotoriktraining mental anstrengend für dein Pferd. Das Training erfordert eine höhere Konzentrationsfähigkeit und das Gehirn verarbeitet zahlreiche neue Reize. Dies erfordert jede Menge Energie. Du kennst das von dir sicherlich auch. Lernst du neue Dinge, bist du auch schneller erschöpft. Ich habe Pferde erlebt, bei denen wir nach nur zwei Übungen die Trainingseinheit beenden mussten, weil sie deutlich gezeigt haben, dass es für sie genug ist. Und wir haben keine vermeintlich schwierigen Übungen gemacht. Allein die Übung „Schritte zählen" aus Phase drei, bei der sich dein Pferd sehr bewusst und präzise bewegen und konzentrieren muss, kann eine große Herausforderung sein.

Wie oft du eine Übung wiederholst und wie lang deine Trainingseinheit dauern sollte, ist daher individuell von deinem Pferd und der jeweiligen Situation abhängig. Eine allgemeingültige Pauschalantwort gibt es nicht. Eine Faustregel, an die du dich beim Training halten kannst, ist:

- **Dynamische Übungen** können fünf- bis 30-mal wiederholt werden. 30 Wiederholungen klingen nach sehr viel, 30 einzelne Schritte oder 30 Wippbewegungen sind aber auch 30 Wiederholungen.
- **Statische Übungen** wie die isometrischen Übungen, kannst du drei- bis fünfmal wiederholen. Danach folgt eine dynamische Pause, bei der du dein Pferd zum Beispiel eine Runde um den Reitplatz führst.

Viel wichtiger als ein Zählen der Durchgänge ist aber, dass du dein Pferd bei der Durchführung der einzelnen Übungen sehr gut beobachtest und auf Zeichen von Stress, Ermüdung und Überforderung achtest. Diese können u. a. sein:

- Stresssymptome wie Ohren anlegen, schnappen, ausschachten, gähnen
- Abnahme der Konzentration
- Falten über den Augen
- Weit geöffnete Augen
- Zusammengebissener Kiefer
- Erhöhter Muskeltonus

- Taktverlust
- Eingeklemmter oder erhöht getragener Schweif
- Zunehmender Balanceverlust
- Stolpern
- Anstoßen an der Stange

Sensomotorisches Training kann theoretisch jeden Tag stattfinden. Regelmäßige Wiederholungen sorgen dafür, dass die Trampelpfade zu Autobahnen ausgebaut werden. Machst du jeden Tag nur eine Übung, die die Körperwahrnehmung deines Pferdes verbessert, hast du schon viel gewonnen. Du könntest zum Beispiel Übungen zur Verbesserung der statischen und dynamischen posturalen Kontrolle zu Beginn einer Trainingseinheit einbauen. So wird das Nervensystem aktiviert - ein Pluspunkt für dein Training. Koordinationsübungen können außerdem dazu beitragen, dein Pferd aufmerksamer zu machen, weil es dadurch seinen gesamten Körper aufmerksamer wahrnimmt und ihn im Laufe der Trainingseinheit bewusster einsetzen kann - eine gute Voraussetzung für das folgende Lernen von Bewegungsabläufen. Ein Körperband in der Bodenarbeitseinheit kostet dich keine zusätzliche Zeit, liefert deinem Pferd aber wertvollen sensorischen Input. Und selbst beim Putzen kannst du effektiv trainieren, indem du dein Pferd auf einen instabilen Untergrund stellst: Die Bürste liefert taktile Reize und bringt dein Pferd permanent leicht aus der Balance. Dieser Effekt wird durch den instabilen Untergrund noch verstärkt. Kratzt du die Hufe aus, veränderst du zudem die Unterstützungsfläche.

Kontraindikationen

Sensomotorisches Training verbessert die Koordination und sorgt so für Stabilität und Bewegungssicherheit. Dennoch gibt es einige Gründe, aus denen du auf das Training bzw. auf die Durchführung einiger Übungen verzichten solltest. Hierzu gehören zum Beispiel akute Lahmheiten, Reheschübe und andere entzündliche Prozesse im Körper. Auch bei Arthrose in den Gliedmaßen oder Hufrollenproblematiken solltest du vorsichtig sein und dein Pferd gut beobachten. Bist du dir unsicher, solltest du immer Rücksprache mit dem Tierarzt oder Therapeuten deines Vertrauens halten.

Entspannte Lernsituationen

Für das Training mit deinem Pferd solltest du stets eine entspannte Lernsituation schaffen. Dies gilt für jede Form des Trainings, für das Sensomotoriktraining aber ganz besonders. Der Wahrnehmungsprozess ist immer auch an Emotionen gekoppelt. Hat dein Pferd im Training Stress, kann es dir passieren, dass diese negativen Gefühle und Empfindungen mit einer bestimmten Übung verknüpft werden und dein Pferd in Zukunft zum Beispiel Angst hat vor dem Training mit instabilen Untergründen.

Das Training selbst und mögliche Korrekturen dürfen daher keinen Stress erzeugen, weil Stress das Lernen behindern kann. Stress an sich ist unvermeidlich, schließlich erzeugt ein Großteil der körperlichen Anforderungen Stress. Allerdings gilt es hier zu unterscheiden zwischen positivem Stress, sogenanntem Eustress, und negativem Stress, dem Disstress. Während Eustress als lebenserhaltender Stress gilt, sollte Disstress vermieden werden, weil er negative Folgen für die Gesundheit mit sich bringen kann.[27] Das Pferd ist ein Fluchttier und sein ganzer Körper ist auf Flucht ausgerichtet: Angefangen bei den harten Hufen über das Herz-Kreislauf- und Atemsystem bis hin zu den Sinnesorganen, die den potenziellen Feind frühzeitig bemerken. Der Fluchtmechanismus des Pferdes, der es über Millionen von Jahren geschützt und sein Überleben gesichert hat, ist genetisch verankert. In einer angsteinflößenden Situation greift der sogenannte „Angeborene Auslösende Mechanismus (AAM)" und es kommt zu einer nicht kontrollierbaren Fluchtreaktion. Auf dieses instinktive Verhalten hat dein Pferd selbst nur wenig Einfluss. Hat ein Pferd Stress - und eine Flucht ist immer die Reaktion auf Stress - wird das sympathische Nervensystem aktiviert. Der Sympathikus sorgt für eine Erhöhung des Blutdrucks sowie der Herz- und Atemfrequenz, die Schweißabsonderung wird gesteigert und die Magen- und Darmaktivität heruntergefahren. Dadurch ist das Pferd sofort handlungsfähig und kann fliehen oder kämpfen. Die Aktivierung des Sympathikus sorgt auch dafür, dass im Körper Adrenalin freigesetzt wird. Die Stresshormone haften sich an den Hippocampus, das Lernareal des Pferdes. Die Folge: Dein Pferd kann weder klar denken oder lernen noch seinen Fluchtreflex kontrollieren. Die Reaktion des Pferdes lässt sich jedoch durch Gewöhnung und Training beeinflussen, sodass das Fluchtverhalten vom „Erworbenen und Angeborenen Auslösenden Mechanismus (EAAM)" bestimmt und kontrollierbarer wird.[28]

Wie dein Pferd mit Stress umgeht, hängt mit den Bewältigungsstrategien ab, die es im Laufe seines Lebens erlernt hat. Du solltest daher im Training Disstress, der mit negativen Emotionen einhergeht, vermeiden und für einen ausgeglichenen Wechsel zwischen Anspannung und Entspannung sorgen. Hilfreich sind in Stresssituationen zum Beispiel bewusste Streichungen, die den Parasympathikus stimulieren und für Entspannung sorgen.

Damit dein Pferd im Training in der Lage ist, Neues zu lernen, muss sein Stresslevel also gering sein. Meine Empfehlung für dein Training: Gelingt eine Übung dreimal nicht, versuch sie anders aufzubauen und so zu gestalten, dass dein Pferd sie erfolgreich bewältigen kann.

Nach Ansicht von Jean Ayres kann man etwas, das man nicht kann, auch nicht üben.[29] Dieser Gedanke begleitet mich bei der Arbeit mit den Pferden und ich möchte ihn auch dir nahelegen. Arbeite nicht am Problem, sondern suche einen anderen Weg für dein Pferd und arbeite dich von der grünen Zone, in der alles okay ist, über die orange bis hin zur roten Zone vor. Starte also mit den Sinneskanälen, die bereit sind. Arbeite mit Dingen, die bereits funktionieren. Über das Können erreichst du letzten Endes auch die Defizite deines Pferdes. Stehen dem Nervensystem nämlich mehrere Möglichkeiten zur Auswahl, wird es jene wählen, die am sinnvollsten erscheint. Je differenzierter die Wahrnehmung entwickelt ist, desto erfolgversprechender ist die Auswahl.

Du solltest also immer mit dem Nervensystem und seinen Stärken arbeiten. So erzeugst du bei deinem Pferd Mut, Selbstvertrauen und Motivation. Erzeugst du hingegen Angst und Stress, weil du unbedingt möchtest, dass es eine bestimmte Übung macht, arbeitest du gegen das Nervensystem und bei deinem Pferd kann kein positives Umlernen stattfinden. Aus diesem Grund lehne ich beim Sensomotoriktraining den Einsatz von Gerten ab. Eine Gerte suggeriert den Pferden ggf., dass sie etwas tun müssen und lässt so wenig

[27] Vgl. Häfelinger, Ulla & Schuba, Violetta: Koordinationstherapie. Propriozeptives Training. Meyer & Meyer Verlag, 4. Ed. 2002. S. 156

[28] Vgl. Vgl. Zeitler-Feicht, Margit H.: Handbuch Pferdeverhalten. Ursachen, Therapien und Prophylaxe von Problemverhalten. Ulmer, 3. Ed. 2015, S. 18 f.

[29] Vgl. Ayres, A. Jean: Bausteine der kindlichen Entwicklung. Springer-Verlag. 2. Ed. 1992.

Raum für Möglichkeiten. Doch genau darum geht es beim Sensomotoriktraining: Gib deinem Pferd die Chance, eigene Erfahrungen in verschiedenen Trainingssituationen zu sammeln und gib ihm kein „Nur so und nicht anders" vor. Klappt etwas noch nicht, wird die Übung einfach so verändert, dass dein Pferd sie erfolgreich absolvieren kann.

Nehmen wir das Beispiel Überempfindlichkeit der Haut: Wenn dein Pferd eine Überempfindlichkeit gegenüber bestimmten Reizen wie zum Beispiel Vibration hat und du versuchst, diese Überempfindlichkeit zu beseitigen, indem du dein Pferd desensibilisierst und es immer wieder dem ihm unangenehmen Reiz aussetzt, tust du ihm keinen Gefallen. Du wirst vielleicht erreichen, dass dein Pferd sein Verhalten von *Scheuen zu ruhig stehen bleiben* ändert. Du änderst aber nichts daran, dass der diffuse Reiz, der beim Scheren entsteht, möglicherweise übersteigert wahrgenommen und nicht adäquat verarbeitet werden kann. Der Reiz bleibt für dein Pferd weiterhin unangenehm. Kann dein Pferd das Gefühl nicht aushalten, dann ist das nichts, was es willentlich steuern kann. Dein Pferd kann es nicht, weil der Reiz übermäßig stark wahrgenommen wird. Arbeite also nicht am Problem und konfrontiere dein Pferd so lange mit der vibrierenden Schermaschine, bis es aufhört, sich zu wehren, und den Reiz über sich ergehen lässt. Arbeite lieber mit sensorischem Input und arbeite dich von Reizen, die grün oder orange sind, beispielsweise dem Abrollen mit einem Igelball und dem Abstreichen mit einem nassen Schwamm, bis zum roten Reiz vor. Um den roten Reiz für dein Pferd angenehmer zu machen und die Reizverarbeitung zu unterstützen, könntest du zum Beispiel verschiedene taktile Reize gleichzeitig nutzen, um mit einer Reizüberlagerung das unangenehme Vibrationsgefühl angenehmer erscheinen zu lassen.

Übung zur Selbsterfahrung

Um nachvollziehen zu können, was ich damit meine, habe ich eine Selbsterfahrungsübung für dich:

Lege das Buch kurz zur Seite und stell dich auf ein Bein. Egal, auf welches Bein. Du wirst automatisch das Bein als Standbein wählen, das dir mehr Halt und Stabilität bietet.

So lernt dein Pferd

Beim Sensomotoriktraining wollen wir mit gezieltem sensorischem Input den motorischen Output verbessern. Wir wollen also eine Verhaltensänderung erreichen. Verhalten wird, abgesehen von Reflexen, immer erlernt.[30] Deswegen spielt das Wissen um Verhaltens- und Lerntheorie eine wichtige Rolle in Bezug auf das Sensomotoriktraining - nicht zuletzt auch, weil du mit dem Wissen um Lernverhalten die Motivation deines Pferdes und eure Trainingssituation enorm beeinflussen kannst. Lernen findet ständig statt, denn dein Pferd nimmt ununterbrochen seine Umwelt wahr, reagiert darauf und passt sich den jeweiligen Lebensbedingungen an. Der gesamte Prozess der Wahrnehmungsverarbeitung und die Auseinandersetzung mit der Umwelt ist ein steter Lernprozess. Du kannst also nicht sagen „Jetzt lernen wir und jetzt nicht". Dein Pferd lernt durch die Konsequenzen seines Verhaltens und die empfundenen Emotionen. Hat sich das Verhalten gelohnt, wird es in Zukunft häufiger gezeigt. Dabei entscheidet das Pferd selbst und nicht der Mensch, ob sich das gezeigte Verhalten gelohnt hat oder nicht. Das pferdetypische Lernverhalten besteht aus verschiedenen Lernarten.

Gewöhnung (Habituation)

Die einfachste Form des Lernens ist die Gewöhnung. Hierbei handelt es sich eigentlich um ein Verlernen, weil sich dein Pferd an einen Reiz gewöhnt, der weder positive noch negative Konsequenzen mit sich bringt. Es lernt, dass es auf diesen Reiz nicht reagieren muss.

Nachahmung

Bei der Nachahmung lernt dein Pferd durch das Verhalten anderer Pferde. Es ahmt nach, was die Herdenmitglieder machen. Allerdings gehört zur Nachahmung immer auch ein eigenes Verhalten mit den jeweiligen positiven oder negativen Konsequenzen. Dein Pferd sieht beispielsweise, wie andere Pferde eine Selbsttränke bedienen und lernt, dass es dort Wasser gibt. Wie die Tränke funktioniert, muss es jedoch selbst herausfinden.

Klassische Konditionierung

Die klassische Konditionierung ist eine Lernform, bei der ein ursprünglich neutraler Reiz zum Schlüsselreiz für ein Verhalten wird. Du hast die klassische Konditionierung kennengelernt, als wir über Reflexe gesprochen haben. Die klassische Konditionierung wird auch als Reiz-Reaktions-Lernen oder Signallernen bezeichnet und wurde von Iwan Pawlow in seinem Hundeexperiment entdeckt: Er kombinierte den Klang einer Glocke (neutraler Reiz) mit der Fütterung eines Hundes. Das Ergebnis nach einiger Wiederholung: Allein beim Klang der Glocke fing der Hund an zu speicheln. Du kennst dieses Verhalten sicherlich auch aus dem Stall: Beim Klang der Futterschüsseln werden die Pferde reflexartig unruhig und erwarten ihr Futter, ohne dass sie dieses zum Zeitpunkt des Geräusches sehen oder riechen.

Das Lernen mittels klassischer Konditionierung findet unbewusst statt. Wichtig für den Lernprozess ist ein enger zeitlicher und räumlicher Bezug zwischen Reiz und Konsequenz.

Operante Konditionierung

Die operante Konditionierung ist das Lernen durch Versuch und Irrtum. Im Unterschied zur klassischen Konditionierung ist dein Pferd an diesem Lernprozess aktiv beteiligt, denn während bei der klassischen Konditionierung der Einfluss des Stimulus auf das Verhalten im Fokus steht, geht es bei der operanten Konditionierung vor allem um die Konsequenzen, die ein Verhalten mit sich bringt: Dein Pferd zeigt ein Verhalten und anhand der positiven oder negativen Konsequenzen, die darauf folgen, wird es das Verhalten häufiger oder seltener zeigen.

Die operante Konditionierung spielt im Zusammenhang mit dem Pferdetraining eine wichtige Rolle, weil du das Verhalten deines Pferdes mit deinem Verhalten und den daraus für dein Pferd resultierenden Konsequenzen

[30] Vgl. Fisher, Anne G. / Murray, Elizabeth A. / Bundy, Anita C.: Sensorische Integrationstherapie. Therapie und Praxis. Berlin, Heidelberg, Springer Verlag, 1998, S. 574

maßgeblich beeinflussen kannst. Dabei gibt es vier Möglichkeiten, die sogenannten Lernquadranten:

1. **Positive Verstärkung.** Auf das Verhalten folgt eine angenehme Konsequenz (z. B. Futterlob): Das Verhalten wird häufiger gezeigt.
2. **Negative Verstärkung**. Durch das gezeigte Verhalten wird etwas Unangenehmes beendet (z. B. eine treibende Hilfe): Das Verhalten wird häufiger gezeigt.
3. **Positive Strafe.** Auf das Verhalten folgt etwas Unangenehmes (z. B. Gertenschlag): Das Verhalten wird weniger.
4. **Negative Strafe.** Auf das Verhalten wird etwas Angenehmes vorenthalten (z. B. Futter): Das Verhalten wird weniger.

Positiv und negativ haben in diesem Zusammenhang erst einmal nichts mit gut oder schlecht im Sinne unserer menschlichen Wertvorstellung zu tun. Vielmehr handelt es sich um mathematische Größen: hinzufügen (+/positiv) und entfernen (-/negativ).

Mit dem Wissen um die Lerngesetze hast du die Möglichkeit, dein Training sinnvoll und gut strukturiert zu gestalten und bei möglichen Problemen gezielter eine Lösung zu finden. Die richtige Konsequenz (Belohnung oder Strafe) im richtigen Moment entscheidet darüber, ob ein Verhalten wieder gezeigt wird oder nicht. Wichtig ist hierbei dein Timing – und dabei ist es egal, ob du klassisch mit negativer Verstärkung und vorwärtstreibender Gerte oder Schenkeldruck trainierst oder ob du mit positiver Verstär-

kung und Futterlob arbeitest. Nur wenn die Konsequenz unmittelbar auf das gezeigte Verhalten folgt, kann dein Pferd beides miteinander verknüpfen. Dies möchte ich dir am Beispiel Spanischer Schritt erläutern: Wenn du dein Pferd durch ein Touchieren mit der Gerte dazu bringst, sein Bein zu heben und den Spanischen Schritt zu zeigen, ist nicht das Leckerli, das du im Anschluss fütterst, die Konsequenz auf das Verhalten, sondern das Beenden des Reizes (Gertentouchierung). Diese Konsequenz folgt unmittelbar auf das gezeigte Verhalten, das Leckerli folgt erst später. Du hast hier also mit negativer Verstärkung gearbeitet. Würdest du deinem Pferd dagegen mithilfe eines Targets, eines Wortes oder deiner Körpersprache und damit ohne das Hinzufügen eines unangenehmen Reizes, auf den es reagiert, beibringen, aktiv sein Vorderbein zu heben, und dieses Verhalten mit einem Leckerli belohnen, wäre der Keks die angenehme Konsequenz und dein Pferd wird das Verhalten häufiger zeigen, weil es sich gelohnt hat.

Mit welcher Lernmethode du dein Pferd trainieren möchtest, ist deine individuelle Entscheidung. Was sich aufgrund der von dir gewählten Lernmethode unterscheidet, ist die Motivation deines Pferdes im Training. Der Aspekt der Motivation spielt eine wichtige Rolle in Bezug auf das Sensomotoriktraining und den Prozess der Wahrnehmungsverarbeitung. Denn wenn dein Pferd bei der Durchführung der Übungen Freude empfindet, kann dies den Prozess der Informationsverarbeitung verbessern[31] und dein Pferd in die Lage bringen, neue Verhaltensweisen und Bewegungen sinnvoll einzusetzen.

Leider können unsere Pferde uns nicht verbal antworten, wenn wir sie fragen, wie es ihnen beim Durchführen der Übungen geht, und verbale Erklärungen, warum sie eine Übung absolvieren sollen und wie sie davon profitieren können, verstehen sie leider nicht. Wir können sie also nicht mit Argumenten überzeugen und motivieren, bestimmte Übungen zu absolvieren, Bewegungen auszuführen und neue Bewegungsmuster zu entdecken. Dazu müssen wir andere Wege finden.

Pferde im Training motivieren

Wie also motiviere ich mein Pferd im Training und steigere seine Handlungsbereitschaft? Um dies zu beantworten, möchte ich mit dir einen kurzen Blick auf die Möglichkeiten der Motivation insgesamt werfen: Motivation kann von internen und externen Faktoren gesteuert werden. Ein extrinsischer Motivator ist beispielsweise Futterlob, wie du es beim Training mit positiver Verstärkung einsetzt.

Ein intrinsischer Motivator kann neben hormonellen Abläufen wie der Rosse beispielsweise, auch Hunger oder eine bereits gemachte angenehme Erfahrung sein. Belohnungen können die Motivation deines Pferdes erhöhen. Das ist wie bei uns Menschen: Wenn wir wissen, wofür sich die Anstrengung lohnt, sind wir motivierter bei der Sache. Als Belohnung für dein Pferd eignen sich vor allem die Dinge, die seine primären Bedürfnisse erfüllen. Zu den primären Bedürfnissen eines Pferdes gehören zum Beispiel Aufmerksamkeit, Zuwendung und Futter. Insbesondere das Training mit Futterlob kann die Motivation und somit die Lernbereitschaft deines Pferdes enorm ver-

[31] Vgl. Fisher, Anne G. / Murray, Elizabeth A. / Bundy, Anita C.: Sensorische Integrationstherapie. Therapie und Praxis. Berlin, Heidelberg, Springer Verlag, 1998, S. 66 ff.

bessern. Dies gilt vor allem bei körperlich herausfordernden Übungen wie beispielsweise dem Training mit der Pferdewippe, wo dein Pferd selbstständig (anstrengende) Bewegungen ausführt. Der Vorteil im Training mit positiver Verstärkung und Futterlob, auch als Clickertraining[32] bekannt, liegt darin, dass dein Pferd die anstrengenden, schwierigen und herausfordernden Übungen gern machen wird und eine hohe Kooperationsbereitschaft zeigt.

Mir ist sehr wohl bewusst, dass das Thema Futterlob bei vielen ein rotes Tuch ist. Auf Kursen und im Unterricht wird die Arbeit mit Futter häufig mit Argumenten wie „Mein Pferd fängt an zu schnappen" oder „Mein Pferd wird zu dick" abgelehnt. All diese Erläuterungen kann ich sehr gut nachvollziehen, weil ich selbst jahrelang der Meinung war, dass ich mein Pferd nicht mit Futter trainieren kann und möchte. Doch je mehr ich mich in den vergangenen Jahren mit der Lerntheorie ausein-

Futterlob stellt für die meisten Pferde einen sehr großen Motivator im Training dar. Foto © Karolina Kardel

andergesetzt habe, die im Übrigen für Pferde ebenso gilt wie für Hunde und uns Menschen, desto offener wurde ich für das Training mit positiver Verstärkung und Futterlob. Deswegen habe ich sehr viel Zeit investiert, um mich im Clickern zu trainieren, damit ich mit meinem Pferd entspannt mit Futter arbeiten kann. Mein Gegenargument für Kritiker ist deswegen: Wenn du es richtig machst, schnappt dein Pferd nicht, und statt kalorischer Leckerli kannst du Heucobs zum Trockenfüttern nehmen und die im Training genutzte Menge ggf. von der Tagesfutterration deines Pferdes abziehen – wobei ich ehrlich sagen muss, dass zwei Hände Heucobs an ein paar Tagen in der Woche nicht wirklich ins Gewicht fallen.

Ich persönlich kann dir die Arbeit mit positiver Verstärkung im Zusammenhang mit dem Sensomotoriktraining sehr empfehlen. Wie du dein Training am Ende aber gestaltest, bleibt dir selbst überlassen. Schließlich geht es beim Sensomotoriktraining nicht um das Antrainieren von Kunststücken. Solltest du dich für die Arbeit mit Futterlob entscheiden, ist mir aber wichtig, dass du dir bewusst bist, was für ein mächtiges Tool du damit bedienst.

Auf Kursen und in Trainingseinheiten erlebe ich immer wieder, dass den Pferden Leckerlis gegeben werden, obwohl sie eigentlich nie mit Futterlob trainiert werden. Dies führt dazu, dass diese Pferde völlig gestresst sind, weil sie nicht wissen, warum sie plötzlich Leckerli bekommen, und sich nicht mehr auf die eigentlichen Übungen konzentrieren können. Deswegen ist es wichtig, dass du Futterlob richtig einsetzt und dein Pferd die Regeln kennt. Die für mich wichtigste Grundregel lautet: „Ohne Klick kein Keks" – arbeitest du mit einem Markerwort, gilt diese Regel für dein entsprechendes Wort. Wenn du dich konsequent an diese Regel hältst, schaffst du es, auch einen nervigen Taschengrabbler zu einem höflichen Pferd zu erziehen. Dein Pferd weiß, dass es immer nur dann eine leckere Belohnung gibt, wenn vorher das entsprechende Geräusch zu hören war. Die zweite wichtige Regel ist: Füttere die Leckerli nicht aus der Jackentasche heraus, sondern nutze einen speziellen Futterbeutel. Ich selbst arbeite nicht ausschließlich mit positiver Verstärkung. In klassischen Trainingseinheiten, beispielsweise beim Reiten oder beim Longieren, nutze ich auch die negative Verstärkung. Meine Pferde kennen die Regeln aber sehr gut und wissen: Nur wenn der Futterbeutel an mir hängt, können sie sich einen Keks verdienen. Doch auch in Trainingseinheiten, in denen ich überwiegend mit negativer Verstärkung arbeite, weil ich mein Pferd beispielsweise longiere, gibt es Situationen, in denen es sich Kekse erarbeiten kann.
Dies erhöht die Motivation meines Pferdes enorm und ich möchte darauf nicht mehr verzichten.

An dieser Stelle würde es zu weit führen, tiefer in das Thema positive Verstärkung und Clickertraining einzusteigen. Ich empfehle dir die Bücher „Mach mich stark. Mit dem Clicker bis zur Hohen Schule" von Dr. Dana Rindermann[33] oder „Im Dialog mit dem Pferd. Belohnungslernen – der Schlüssel zu Motivation und Vertrauen" von Marlitt Wendt[34], die beide im Cadmos Verlag erschienen sind und dir die Grundlagen näherbringen.

---

[32] Der Clicker ist nichts anderes als ein Markersignal, das deinem Pferd verrät: Dies war richtig und dafür bekommst du jetzt eine Belohnung. Du könntest, anstatt einen Clicker zu nehmen, auch ein Wort sagen, die Handbewegung ist jedoch schneller umgesetzt als ein Wort gesprochen.

[34] Rindermann, Dana Dr.: Mach mich stark. Mit dem Clicker bis zur Hohen Schule. Cadmos, 2021

[35] Wendt, Marlitt: Vertrauen statt Dominanz. Wege zu einer neuen Pferdeethik. Cadmos, 2010

Das Training mit instabilen Untergründen ist Kernstück sensomotorischen Pferdetrainings. Es verbessert Balance, Stabilität und Körpergefühl und macht den meisten Pferden Freude. *Foto © Andrea Zachrau*

5

PHASE 1:

Aktivierung

Die Aktivierungsphase umfasst Basisübungen, die die Grundlage für das sensomotorische Training bilden, die Gelenkstabilisierung erhöhen und die Körperwahrnehmung deines Pferdes verbessern.

Basistraining mit instabilen Untergründen

Das Training mit instabilen Untergründen ist das Kernstück des sensomotorischen Pferdetrainings. Beim Sensomotoriktraining spielen Balance und Stabilität eine wichtige Rolle. Beides lässt sich spielend leicht durch instabile Untergründe stärken und verbessern. Zudem ist das Training mit instabilen Untergründen leicht durchführbar und macht sehr viel Spaß, weil wir damit in meist in kurzer Zeit gute Ergebnisse erzielen können.

Als instabile Untergründe können wir Balance-Pads, Turn- und Gymnastikmatten oder Fallschutzmatten nutzen. Bei Balance-Pads sowie Turn- und Gymnastikmatten handelt es sich um Pads bzw. Matten aus festem Schaumstoff. Fallschutzmatten bestehen in der Regel aus Gummigranulat. Ich arbeite fast ausschließlich mit Matten und empfehle es dir auch eher, als das Training mit Balance-Pads.

Der große Vorteil von Matten besteht darin, dass du sie nicht nur im Stand, sondern auch in der Bewegung einsetzen kannst, was insbesondere in Phase drei wichtig ist, wenn es um die dynamische Stabilität geht. Außerdem bieten Matten einen begrenzten Raum, auf dem sich dein Pferd aufhält, und können damit seine Raum-Lage-Wahrnehmung verbessern. Hat dein Pferd Probleme damit zu erkennen, wo die Grenzen seines Körpers sind, wird es Schwierigkeiten haben, sich auf eine Matte zu stellen, weil es nicht weiß, ob es seinen großen Körper auf der kleinen Fläche unterbringen kann. Weil allein schon diese Eigenschaften der Matten als Untergrund so hilfreich sind, beziehen sich Übungen, die ich in diesem Buch vorstelle, auf das Mattentraining. Du kannst sie aber in vielen Fällen auch mit Balance-Pads durchführen.

Einige Pferdebesitzer arbeiten auch mit Bettmatratzen. Eine solche Matratze bietet zwar auch ein gewisses Maß an Instabilität,

Bei der Arbeit mit instabilen Untergründen bieten Turnmatten, Balance-Pads und Fallschutzmatten unterschiedliche Reize. *Foto © Karolina Kardel*

der Effekt ist hier aber wesentlich geringer, weil die Matratze unter dem Gewicht deines Pferdes deutlich nachgibt. Zwar kann es durchaus sinnvoll sein, Matratzen im Training zu nutzen, weil sie ebenfalls ungewohnte Reize bieten, auf die sich der Pferdekörper einstellen muss, die Effekte und der Nutzen von instabilen Untergründen, von denen ich spreche und für die ich das Mattentraining so schätze, bietet eine ausrangierte Bettmatratze allerdings nicht.

Wenn dein Pferd auf einem instabilen Untergrund steht, muss es sich permanent ausbalancieren und stabilisieren. Dabei werden Gleichgewichtssinn und Propriozeption permanent gefordert und gefördert. Pferde, die das erste Mal auf einer instabilen Fläche stehen, beginnen häufig hin und her zu schwanken. Hierbei handelt es sich um eine sogenannte Equilibriumsreaktion: eine minimale Tonusanpassung der Muskulatur, die durch kleinste Gewichtsverlagerungen entsteht und die Gelenkstabilität gewährleistet. Das Gehirn nimmt zunächst die instabile Situation wahr und versucht eine Lösung zu finden, den Körper zu stabilisieren. Dabei bezieht es sich insbesondere auf die Informationen, die es vom Gleichgewichtssinn und den Propriozeptoren erhält. Hat es eine adäquate Lösung zur Stabilisierung des Körpers gefunden, hört das Schwanken auf und tritt in der Regel beim weiteren Training nicht mehr oder sehr reduziert auf. Hier erkennst du deutlich das Prinzip des Feedbacks und der Feedforward-Kontrolle (siehe Seite 32): Durch das Feedback wird die Bewegung stabilisiert und die Feedforward-Kontrolle stellt beim weiteren Training mit instabilen Untergründen direkt von Anfang an Stabilität her.

Das Stehen auf instabilen Untergründen verhilft den meisten Pferden zu einer muskulären und mentalen Enstpannung.

Foto © Karolina Kardel

Beim Training mit instabilen Untergründen wird primär die Tiefenmuskulatur entlang der Wirbelsäule und der Gelenke angesprochen. Diese arbeitet reflektorisch, kann nicht aktiv gesteuert werden und dient insbesondere der Gelenkstabilität. Aus diesem Grund werden instabile Untergründe in der Physiotherapie häufig zur Stabilisierung von Knie- und Sprunggelenken eingesetzt. Das Training mit instabilen Untergründen hat aber nicht nur einen aktivierenden Effekt auf die stabilitätsgebende Tiefenmuskulatur, sondern es trägt auch effektiv dazu bei, die Balance deines Pferdes zu verbessern, weil der Gleichgewichtssinn und die Eigenwahrnehmung permanent auf die ungewohnten Bewegungsreize reagieren müssen, um die Körperstabilität zu wahren.

Besonders hervorzuheben ist, dass sich der Pferdekörper beim Training mit instabilen Untergründen eigenständig und aktiv individuelle Lösungswege suchen kann, ohne dass der Reiter manipulativ mit Zügeln, Hilfszügeln, Schenkeln oder Gerte einwirkt. Dies trägt dazu bei, dass diese Lösungswege auch auf andere Situationen übertragen werden können und sich dein Pferd insgesamt stabiler und balancierter bewegt. Wie wirkungsvoll das Mattentraining ist, bestätigen auch meine Kunden: „Mein Jungpferd hatte Probleme beim Hufegeben, das ist seit dem Mattentraining weg", „Die Balance ist besser" oder „Meinem Wallach hat es extrem gut geholfen für die Hufbearbeitung".

Das permanente Ausbalancieren, das einhergeht mit einem permanenten Wechsel aus Anspannung und Entspannung, bewirkt zudem eine physische Entspannung der Muskulatur deines Pferdes und dadurch auch eine mentale Entspannung. In der Regel gebe ich den Pferden zu Beginn des Mattentrainings sehr viel Zeit, damit sie sich in die neue Balancesituation einfühlen können. Die meisten Pferde fangen nach einer Weile an zu kauen und zu gähnen, beginnen die Augen zu schließen und sich zu entspannen.

Ganz konkret kannst du mit dem Mattentraining

- die Trittsicherheit verbessern
- den Takt verbessern
- die statische und dynamische posturale Kontrolle (Balance) verbessern
- die Losgelassenheit fördern
- das Wahrnehmen der Hinterhand/einzelner Gliedmaße verbessern
- die Raum-Lage-Wahrnehmung verbessern u. v. m.

Beim Mattentraining sind deiner Kreativität keine Grenzen gesetzt. Du kannst auch verschiedene Übungen aus diesem Buch mit dem Mattentraining kombinieren. Im Folgenden gebe ich dir ein paar Ideen, was du mit einer Matte alles machen kannst und wie du mit dem Mattentraining startest.

Das brauchst du:

Für das Training mit Matte brauchst du eine Turnmatte und deine klassische Trainingsausrüstung wie Halfter, Strick, ggf. Clicker und Leckerli oder ein Target. Für den Beginn des Mattentrainings können zur visuellen Unterstützung Stangen, Dualgassen oder Hütchen hilfreich sein. Solltest du keine Turnmatte haben, kannst du auch mit Balance-Pads arbeiten.

So geht's:

Im ersten Schritt machst du dein Pferd mit der Matte vertraut. Hierfür legst du die Matte auf den Boden und lässt dein Pferd an ihr schnuppern. Dabei kann es passieren, dass es auf der Matte stehen bleibt und zu scharren beginnt. Dies ist eine normale Reaktion, die ich bei fast jedem der zahlreichen Pferde erlebt habe, mit denen ich bereits Mattentraining gemacht habe. Dein Pferd prüft auf diese Weise mit seinem Tastorgan Huf den unbekannten und ungewohnten Untergrund, um herauszufinden, ob dieser auch sicher genug ist. Dieses Erkunden solltest du für einen Moment zulassen und dein Pferd dann freundlich bitten, es sein zu lassen. Zum einen soll sich das Scharren nicht etablieren und zum anderen kann durch permanentes Scharren dein Trainingsgerät kaputtgehen.

Dann führst du dein Pferd gerade über die Matte. Ich empfehle, dass du dein Pferd auf jeder Hand mindestens einmal über die Matte führst und deine Führposition jeweils von links nach rechts wechselst, sodass du nicht ausschließlich links neben deinem Pferd gehst.

Wenn es dir gelingt, dein Pferd entspannt über die Matte zu führen, kannst du im nächsten Schritt dazu übergehen, auf der Matte anzuhalten. Dies stellt für die meisten Pferde eine deutlich größere Herausforderung dar als das Laufen über die Matte. Durch die Bewegung hat der Pferdekörper bereits eine gewisse Stabilität, die im Stand jedoch nicht mehr vorhanden ist. Um deinem Pferd die Chance zu geben, sich auf die Instabilität besser einzustellen, empfehle ich dir, dass du es zunächst mit der Vorhand auf der Matte anhältst. Gib deinem Pferd einen Moment Zeit, um sich auf die neue Situation einzustellen. Dann führst du es über die Matte und lässt es mit der Hinterhand auf der Matte anhalten. Auch hier gibst du deinem Pferd wieder einen Moment Zeit. Beobachte beim Anhalten, wie sich der Körper deines Pferdes verhält: Verändert sich der Muskeltonus? Beginnt dein Pferd zu schwanken? Muss es vielleicht Ausgleichsbewegungen machen, um einen stabilen Stand herzustellen?

Steht dein Pferd für einen Moment sicher, gehst du wieder los. Im nächsten Schritt lässt du dein Pferd mit allen vier Hufen auf der Matte anhalten. Sollte dein Pferd hierbei Probleme haben und stark schwanken oder immer wieder mit einzelnen Hufen von der Matte steigen, gehst du wieder einen Schritt zurück und übst noch ein paar Mal das Betreten der Matte und das darauf Anhalten mit Vorhand und Hinterhand.

Sobald dies gelingt, kannst du dazu übergehen, die Matte in Schritt zwei und drei, wenn es vermehrt um die statische und dynamische Stabilität geht, aktiv und bewusst in dein Training einzubauen.

Problem:
Mein Pferd betritt die Matte nicht

Sollte dein Pferd Probleme haben, über die Matte zu gehen, gilt es herauszufinden, woran das liegt: Hat dein Pferd Schwierigkeiten mit der Instabilität oder fällt es ihm schwer, einen begrenzten Raum zu betreten, weil es sich seiner eigenen Körpergrenzen nicht bewusst ist und nicht weiß, ob sein großer Körper auf die kleine Matte passt? Je nach Problem gilt es, die Situation unterschiedlich anzupassen. Sollte dein Pferd die Matte nicht betreten wollen, zwinge es nicht dazu, indem du es zum Beispiel mit der Gerte treibst. Bleib stattdessen ruhig und gelassen, behalte deine positive Energie und verändere die Situation. Bei den meisten Pferden, mit denen ich bisher gearbeitet habe, hat mindestens einer der folgenden Lösungsansätze geholfen:

- **Weniger Instabilität.** Sollte dein Pferd Probleme mit der Instabilität haben, kannst du weniger instabile Untergründe wählen, beispielsweise Fallschutzmatten.
- **Kleine instabile Fläche.** Anstatt dein Pferd über die Länge der Matte zu führen, wo es eine instabile Situation mit allen vier Hufen erlebt, kannst du die Matte auch quer legen, sodass dein Pferd immer mit ein bis zwei Hufen auf dem stabilen Boden Halt findet. Einigen Pferden hilft es, zu Beginn mit Balance-Pads zu arbeiten, auf denen du zunächst nur einen Huf deines Pferdes platzierst. Gelingt dies mit jedem der vier Hufe gut, kannst du die Anzahl und damit die Instabilität steigern. So kann sich der Pferdekörper nach und nach darauf einstellen.
- **Optische Begrenzungen.** Optische Begrenzungen mit Dualgassen, Stangen, Hütchen oder Markierungstellern können helfen, das Betreten der Matte zu erleichtern. Die optischen Markierungen können wahlweise neben der Matte oder als Weg zur Matte hin aufgestellt werden. Was deinem Pferd besser hilft, ist individuell unterschiedlich. Ich empfehle dir, beides auszuprobieren.
- **Körpergrenzen bewusst machen.** Liegt die Problematik beim Betreten der Matte darin, dass dein Pferd sich seiner Körpergrenzen nicht bewusst ist, kann es helfen, wenn du ihm diese zunächst aufzeigst. Du könntest den Körper deines Pferdes vor dem Betreten der Matte ausgiebig abstreichen, du kannst die Übung Pferdebeinwaschstraße (siehe Seite 74) nutzen oder mit Körperbändern arbeiten.
- **Das Betreten der Matte lohnenswert machen.** Nicht zuletzt kann es helfen, wenn du das Betreten der Matte wirklich lohnenswert gestaltest. Du lobst dein Pferd über den grünen Klee, gibst ihm ein Leckerli und freust dich ehrlich darüber, dass es sich getraut hat, die Matte zu betreten. Dies ist vor allem bei sehr schüchternen und vorsichtigen Pfer-

den hilfreich. Aber Achtung! Aus eigener Erfahrung empfehle ich dir, die Gabe von Leckerli auf der Matte schnell zu reduzieren – es sei denn, du arbeitest grundsätzlich mit positiver Verstärkung und Futterlob. Gibt es nämlich immer beim Betreten der Matte ein Leckerli, ansonsten aber nicht, kann es passieren, dass dein Pferd nur noch auf die Matte möchte und dich dort hinzieht, um sich sein Leckerli zu verdienen.

Sollte dein Pferd auch mit dieser Hilfestellung die Matte nicht betreten wollen und darüber hinaus weitere koordinative Probleme zeigen, kann ein neurologisches Problem vorliegen – etwa, weil infolge von Arthrose in der Wirbelsäule die Nerven beeinträchtigt sind und die Reizweiterleitung nicht mehr adäquat funktioniert. Hier gilt es, gemeinsam mit dem Tierarzt des Vertrauens die Ursache des Problems zu ermitteln.

Taktile Reize für mehr Körperwahrnehmung

Das taktile System gibt deinem Pferd Informationen über seine Körpergrenzen: Wo fange ich an, wo höre ich auf? Mithilfe sensorischer Stimulation kannst du deinem Pferd seine Körpergrenzen aufzeigen und den Fokus gezielt auf einen Körperteil legen. Das Gehirn erhält mehr Informationen aus diesem Körperbereich und kann ihn bewusster und effektiver einsetzen. Dies betrifft vor allem auch Bereiche, die dein Pferd selbst nicht erreichen kann, wie die Hinterhand oder das Genick.

Häufig erlebe ich, dass Pferde ihre Hinterhand nicht ausreichend einsetzen, sprich: Sie treten nicht adäquat unter den Schwerpunkt, der Rücken ist fest, das Pferd läuft auf der Vorhand. Die Hinterhand ist, salopp gesagt, irgendwie in Vergessenheit geraten. Hier kann es helfen, taktile Reize zu nutzen.

Eine zusätzliche visuelle Begrenzung mit Hütchen oder Stangen kann dir helfen, wenn dein Pferd die Matte nicht betreten möchte. *Foto © Karolina Kardel*

Berührungen

Die einfachste Möglichkeit, deinem Pferd seinen Körper in seiner Gesamtheit bewusst zu machen, sind Berührungen – deine Hände hast du schließlich immer dabei. Fass dein Pferd während deines Trainings immer wieder an, streich es von vorne nach hinten ab oder leg einfach mal deine Hand auf seine Kruppe oder den Widerrist, während du es führst.

Berührungen dienen in diesem Zusammenhang vor allem der taktilen Wahrnehmung. Du kannst deinem Pferd durch deine Berührung seinen Körper, seine Körpergrenzen und seine einzelnen Gliedmaßen bewusster machen. Gleichzeitig kannst du so das vegetative Nervensystem ansprechen, weil dieses auf die angenehmen Berührungen reagiert, indem es Oxytocin und Serotonin ausschüttet. Diese Hormone werden umgangssprachlich als „Kuschelhormone" und „Glückshormone" bezeichnet. Sie vermitteln ein Gefühl von Sicherheit und Vertrauen und stärken die Verbindung zwischen dir und deinem Pferd.

Das brauchst du:

Für Berührungen brauchst du nur deine Hände – idealerweise trägst du keine Handschuhe.

So geht's:

Berührungen lassen sich ohne jeglichen Aufwand in jede Trainingseinheit integrieren. Gelingt eine Übung nicht so gut, gibst du deinem Pferd eine Pause und nutzt diese, um gezielt Reize in der Körperregion zu setzen, von der du das Gefühl hast, sie braucht zusätzlichen Input. Stößt dein Pferd etwa beim Übersteigen einer Stange immer wieder mit dem Huf an, machst du eine taktile Pause und streichst das Bein ab oder klopfst sanft auf den Huf.

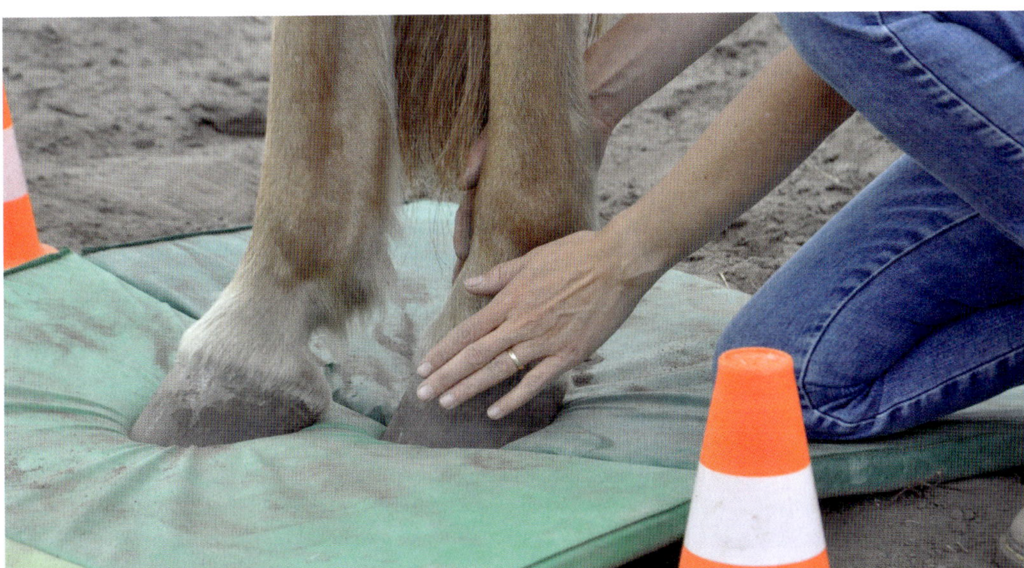

Durch Abstreichen des Beines oder sanftes Klopfen auf den Huf kann die Wahrnehmung für diese Gliedmaße verbessert werden. *Foto © Karolina Kardel*

Streichungen tragen dazu bei, deinem Pferd seine Körpergrenzen aufzuzeigen. Gleichzeitig haben sie einen tonussenkenden und entspannenden Effekt.

Foto © Andrea Zachrau

Ungewohnte Reize lenken die Aufmerksamkeit deines Pferdes auf das entsprechende Körperteil und tragen so zu einer bewussteren Körperwahrnehmung bei.

Foto © Andrea Zachrau

Möchtest du deinem Pferd seine Körpergrenzen bewusster machen, weil du das Gefühl hast, dass es seinen Körper nicht adäquat einsetzen kann, dass es unaufmerksam ist oder auf einer Seite fester und deswegen unausbalanciert und unkoordiniert ist, kannst du mit langsamen und sanften Streichungen in Fellrichtung arbeiten. Beginne vorne am Genick und streiche mit sanften und langsamen Strichen den Pferdekörper ab.

Achte darauf, dass deine Arme und Hände dabei entspannt sind und du weiche Bewegungen machst. Behalte außerdem immer eine Hand am Pferdekörper. So weiß dein Pferd, an welcher Körperstelle du dich grad befindest und kann sich besser darauf einlassen und entspannen.

Über dein Tempo kannst du zudem die Wirkung der Streichungen variieren: Je langsamer du mit der Hand über den Pferdekörper streichst, desto beruhigender ist die Wirkung. Dies ist hilfreich, wenn dein Pferd aufgeregt und angespannt ist und einen recht hohen Muskeltonus hat. Mit langsamen, beruhigenden Streichungen bringst du dein Pferd dazu zu entspannen. Dein Pferd wird beginnen, in sich hinein zu spüren und sich in seiner Gesamtheit besser wahrzunehmen. Schnelle Streichungen wirken dagegen aktivierend und stimulierend. Mit dieser Art von Streichung weckst du dein Pferd ein wenig auf und trägst zu einer Tonuserhöhung der Muskulatur bei. Dies kann bei Pferden helfen, die einen niedrigen Tonus haben und sehr schwerfällig laufen oder die ihre Beine nicht adäquat heben. Ähnlich verhält es sich mit Klopfungen und Hackungen, wie sie in der Massage genutzt werden. Auch damit setzt du tonusanregende Reize und förderst die Körperwahrnehmung deines Pferdes.

Taktile Tools

Neben deinen Händen kannst du auch verschiedene Tools nutzen, um Reize zu setzen. Je nachdem, was du nutzt, sprichst du andere Rezeptoren an. So wird Vibration von den Vater-Pacini-Körperchen (siehe Seite 35) wahrgenommen, Wärme von den Wärmerezeptoren (Thermorezeptoren) und der Druckreiz einer Faszienrolle von den Merkelzellen und den Ruffini-Körperchen.

Das brauchst du:

Mögliche Tools, die taktile Reize setzen und die ich dir empfehlen kann, sind u. a.:

- Bürsten
- Massagebürsten
- Faszienrollen
- Igelball/Igelballrolle
- Massagegerät (Vibration)
- Wärmepads
- Tennisbälle, Schaumstoffbälle

So geht's:

Mit dem taktilen Tool deiner Wahl kannst du dort einen Reiz setzen, wo du denkst, dass er deinem Pferd guttun würde - beispielsweise an der Hinterhand, um den Fokus der Aufmerksamkeit auf dieses Körperteil zu lenken.

Achte darauf, dass der Reiz, den du setzt, für dein Pferd angenehm ist. Sollte dein Pferd zeigen, dass es ihm unangenehm ist, beende den Reiz oder geh zurück zu einer Stelle, die für dein Pferd angenehmer war.

Pizzabäcker

Ein schönes Berührungsspiel, das du vielleicht kennst, wenn du Kinder hast, ist *Pizzabäcker*. Bei diesem Spiel setzt du verschiedene taktile Reize, die dazu beitragen, die jeweilige Körperseite und den Körper allgemein stärker ins Bewusstsein deines Pferdes zu bringen. Gleichzeitig wirken die Berührungen entspannend. Durch die Geschichte - du stellst dir vor, du würdest eine Pizza backen - fällt es leichter, unterschiedliche Reize zu setzen.

Das brauchst du:

Für das Berührungsspiel brauchst du deine Hände sowie ein Halfter und einen Strick, damit dein Pferd auf jeden Fall bei dir bleibt.

So geht's:

Beim *Pizzabäcker*-Spiel stellst du dir die einzelnen Arbeitsschritte vom Backen einer Pizza vor. Du kannst die Übung entweder erst komplett auf der einen Seite deines Pferdes vom Hals bis zur Hinterhand ausführen und dann die Seite wechseln oder du führst jeden Schritt erst auf beiden Seiten aus, ehe der nächste Arbeitsschritt kommt.

Dies ist die Geschichte des Spiels:

- **Der Pizzateig wird geknetet:** Du knetest mit deinen Händen sanft dein Pferd vom Hals bis Schweif.
- **Der Teig klebt noch nicht richtig, er braucht noch Wasser:** Du machst mit deinen Fingerspitzen leichte tröpfelnde Berührungen.
- **Jetzt klebt der Teig am Tisch und braucht noch etwas Mehl:** Du stäubst dein Pferd mit Mehl ein, indem du mit deinen Fingerspitzen vorsichtig klopfst.

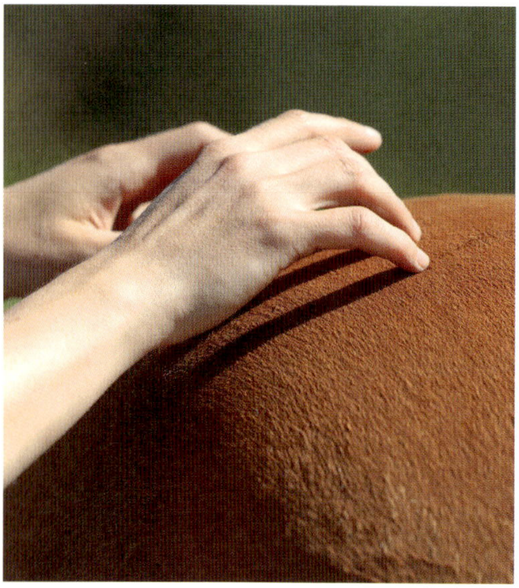

Das Wahrnehmen unterschiedlicher taktiler Reize entspannt und stärkt die Wahrnehmung der Körpergrenzen. *Foto © Andrea Zachrau*

Die Pferdebeinwaschstraße bringt die einzelnen Gliedmaßen stärker ins Bewusstsein, sodass sie gezielter eingesetzt werden können. *Foto © Andrea Zachrau*

- **Der Teig wird ausgerollt:** Du rollst dein Pferd mit deinen Unterarmen von vorn nach hinten ab.
- **Weil der Teig wieder klebt, muss noch mehr Mehl hinzugegeben werden:** Du klopfst dein Pferd mit deinen Fingerspitzen erneut vorsichtig ab.
- **Das Mehl wird in den Teig eingeklopft:** Du klopfst dein Pferd mit deinen Fäusten sanft ab.
- **Die Pizza wird belegt:** Du klopfst dein Pferd mit flacher Hand sanft ab.
- **Zum Schluss wird die Pizza mit Öl bestrichen:** Du streichst dein Pferd von vorn nach hinten mit flacher Hand ab.

Pferdebeinwaschstraße

Hast du ein Pferd, das beim Übertreten einer Stange immer wieder mit einem Bein anstößt, empfehle ich dir, die Übung Pferdebeinwaschstraße auszuprobieren. Durch die sensorische Stimulation lenkst du den Fokus deines Pferdes auf das entsprechende Bein, und das Gehirn deines Pferdes bekommt mehr Informationen aus diesem entsprechenden Zielbereich. Lässt du dein Pferd danach über eine Stange treten, wird dein Pferd sein Bein vermutlich höher heben, als es das noch zuvor gemacht hat.

Das brauchst du:

Du brauchst zwei Wurzelbürsten.

So geht's:

Du nimmst die Wurzelbürsten in beide Hände und bürstest damit das Bein deines Pferdes ab, indem du das Bein mit den Bürsten einrahmst und sie von oben nach unten und wieder nach oben bewegst. Optional kannst du dein Pferd dabei auch auf einen instabilen Untergrund stellen.

Körperband

Die Arbeit mit dem Körperband hilft deinem Pferd dabei, seinen Körper und seine Körpergrenzen besser wahrzunehmen und Körper und Gliedmaßen gezielter einzusetzen.

Das Körperband ist eine locker um den Körper gewickelte Elastikbandage. Bekannt wurde es vor allem durch die amerikanische Pferdetrainerin Linda Tellington-Jones.[35] Die Informationen, die das Körperband liefert, können dein Pferd dabei unterstützen, eine 3-D-Landkarte des Körpers zu erstellen. So kannst du das Körperpuzzle deines Pferdes vervollständigen und den motorischen Output verbessern. Im Unterschied zu taktilen Reizen, die du mit deiner Hand oder einem taktilen Tool erzeugst und die immer recht konzentriert sind auf eine Körperstelle, kannst du mit einem Körperband, je nach Wickeltechnik, den Körper in seiner Gesamtheit mehr in das Bewusstsein deines Pferdes bringen.

Eine verbesserte Wahrnehmung der Körpergrenzen hilft bei der Orientierung im Raum und der Raum-Lage-Wahrnehmung. Nur wenn ich mir meines Körpers in seiner Gesamtheit bewusst bin, kann ich ihn adäquat im Raum bewegen. Pferde, die Probleme mit Engpässen haben, wie sie beispielsweise bei der Fahrt mit einem Anhänger oder beim Putzen in der Stallgasse auftreten, profitieren daher besonders von der Arbeit mit dem Körperband. Gleichzeitig hilft das Körperband auch Pferden, die Probleme mit zu viel Raum haben und bei viel Platz um sie herum nicht stillstehen können. Das Körperband gibt ihnen in solchen Situationen ein Gefühl von Begrenzung. Das hilft ihnen, mit dem Raum besser umzugehen. Auch Pferde, deren visueller Sinn nicht adäquat funktioniert, weil ihnen vielleicht ein Auge fehlt oder sie auf einem Auge schlecht sehen können und die deshalb eine verminderte Orientierungsfähigkeit, Raum-Lage-Wahrnehmung und Probleme mit der Balance haben, profitieren sehr von der Arbeit mit dem Körperband.

Ein großer Vorteil des Körperbandes ist, dass du es in der Bewegung nutzen und dadurch beliebig auch mit anderen Übungen zur Verbesserung der statischen und dynamischen Stabilität und mit deinem alltäglichen Training (Handarbeit, Longenarbeit oder Reiten) kombinieren kannst. Ein konkretes Praxisbeispiel für die effektive Anwendung von Körperbändern ist die Verbesserung der Hinterhandaktivität: Hat dein Pferd Probleme damit, mit der Hinterhand aktiv unter den Schwerpunkt zu fußen, kann ein Körperband helfen, auch in der Bewegung gezielte taktile Reize zu setzen und die Hinterhand stärker ins Bewusstsein zu rücken. So unterstützt du dein Pferd dabei, deutlicher unter den Schwerpunkt zu fußen, weil es sich in seiner Gesamtheit besser wahrnimmt und dadurch seinen Bewegungsablauf optimieren kann. Auch bei einer ausgeprägten natürlichen Schiefe, die mit fehlender Balance einhergeht, kann das Körperband effektiv unterstützen, weil sich dein Pferd seiner Dysbalance bewusster wird und beginnt, das Gewicht gleichmäßiger auf alle vier Hufe zu verteilen.

Die Arbeit mit dem Körperband wirkt aber nicht nur positiv auf die Bewegung, sondern auch auf das mentale Empfinden. Viele Pferde fangen an zu entspannen: Sie kauen, lecken und schnauben ab, wenn ihnen das Band umgelegt wird und sie einen Moment Zeit haben, sich mit der neuen Situation vertraut zu machen.

[35] Vgl. Tellington-Jones, Linda: Tellington Training für Pferde. Das große Lehr- und Praxisbuch. Kosmos, 2007, S. 179

Das brauchst du:
Als Körperband eignen sich wahlweise Elastikbandagen aus der Apotheke oder aus dem Reitsportfachgeschäft oder Körperbandagen speziell für Pferde, die du zusammennähst oder zusammenknotest, sodass ein Band in der passenden Länge für dein Pferd entsteht. Für ein Großpferd sind es rund sechs Meter, für ein Pony etwa vier Meter.

So geht's:
Ein Körperband lässt sich auf unterschiedliche Art und Weise wickeln. Ich stelle dir hier meine Lieblingswickeltechnik vor: die Acht[36]. Sie hat eine große Wirkung auf dein Pferd und du kannst problemlos sämtliche Übungen damit machen. Hierfür wird die Elastikbandage wie eine Acht um den Pferdekörper gewickelt. Beim Anlegen des Körperban-

Das Körperband als Acht gewickelt lässt sich beliebig ins Training einbinden. Foto © Andrea Zachrau

des ist es wichtig, dass du das Band locker anlegst und nicht festziehst. Du möchtest lediglich Impulse setzen. Ist das Band zu sehr auf Spannung, würdest du die Bewegung deines Pferdes einschränken. Außerdem solltest du den Knoten nicht auf, sondern neben dem Widerrist platzieren. Wenn du das Körperband zum ersten Mal anlegst, kann es hilfreich sein, wenn du dir Unterstützung holst. Nicht jedes Pferd reagiert entspannt, wenn es auf einmal ein Band um die Hinterhand gelegt bekommt. Als Vorbereitung für das Anlegen des Körperbandes kannst du den Pferdekörper und insbesondere die Hinterhand zunächst mit deiner Hand sanft abstreichen und dein Pferd auf diese Weise darauf vorbereiten, dass da etwas passiert, dass es aber keine negativen Auswirkungen zu erwarten hat.

Das Körperband kannst du nicht zu oft benutzen. Je nachdem, wo dein Pferd Unterstützung braucht, kannst du es anfangs in ein bis zwei Trainingseinheiten pro Woche einsetzen. Doch auch bei ein- bis zwei Einsätzen pro Monat profitiert dein Pferd. Wichtiger als die Frage, wie oft du das Trainingsband nutzen solltest, ist die nach der eigentlichen Tragedauer. Bevor ich dir dies beantworte, möchte ich dich etwas fragen: Trägst du einen Ring am Finger? Spürst du ihn? Oder spürst du ihn jetzt gerade nur, weil ich dich an ihn erinnere und du deine Aufmerksamkeit darauf lenkst? Der Einsatz des Körperbandes wirkt ähnlich: Der durch das Band gesetzte Reiz verblasst mit der Tragedauer. Deswegen empfehle ich, dass du das Körperband nicht die ganze Trainingseinheit über anlässt, sondern dass du es nach einer gewissen Zeit abnimmst oder es erst zwischendrin anlegst. Auf diese Weise hast du auch einen direkten Vergleich: Du kannst eine Übung erst mit/ohne Körperband ausführen und anschließend ohne/mit Körperband.

In dieser Trainingsphase geht es darum, dein Pferd mit dem Körperband vertraut zu machen, damit es sich und seinen Körper in seiner Gesamtheit wahrnimmt. Kennt dein Pferd das Körperband, kannst du es in Phase zwei und drei bei allen Übungen nutzen.

[36] Zahlreiche weitere Wickelanleitungen für das Körperband findest du in dem Buch von Robyn Hood und Mandy Pretty: „Gut gewickelt für Pferde. Tellington-Körperbänder für Leistungsfähigkeit, Wohlbefinden und Gesundheit".

Um die statische Stabilität zu verbessern, bieten sich gezielte Übungen mit instabilen Untergründen an, die sich bereits vor dem eigentlichen Training mit wenig Aufwand durchführen lassen. Foto © Andrea Zachrau

6

PHASE 2:

Statische Stabilität

Isometrische Übungen

Isometrische Übungen sind Übungen, bei denen die Muskeln isometrisch arbeiten. Bei dieser statischen Muskelarbeit erhöht sich Muskelspannung, ohne dass der Muskel dabei seine Länge verändert und dadurch eine Bewegung erzeugt. Isometrische Übungen aktivieren die stabilisierenden Muskeln und haben einen tollen kräftigenden Effekt bei einer gleichzeitig sehr kontrollierten Kraftentwicklung. Dies ist vorteilhaft für Pferde, die große Balanceprobleme haben, die an Hypermobilität leiden oder die nach einer verletzungsbedingten Pause wieder antrainiert werden. Isometrische Übungen können die Gelenkstabilität und den Schutz der Gelenke fördern. Andererseits fördern und verbessern sie aber auch das Gefühl für den eigenen Körper und sie können einen entspannenden Effekt auf dein Pferd haben. Wenn Pferd und Mensch beispielsweise zu Beginn einer Trainingseinheit bei einem Kurs sehr aufgeregt sind, nutze ich die isometrischen Übungen sehr gern, um Ruhe und Entspannung herzustellen. Das Pferd konzentriert sich durch das gezielte Anspannen der Muskeln vermehrt auf sich und seinen Körper und beginnt sich zu entspannen. Diesen Effekt kennst du vielleicht von der Progressiven Muskelentspannung, bei der du gezielt nach und nach einzelne Muskeln deines Körpers anspannst und entspannst. Die Progressive Muskelentspannung geht zurück auf den amerikanischen Arzt Edmund Jacobson (1885–1976). Er fand heraus, dass Stress und Angst durch eine Aktivierung des Sympathikus zu einer reflexhaften Muskelanspannung führen und dass eine muskuläre Entspannung den Parasympathikus aktivieren kann und es dadurch nicht nur zu einer körperlichen, sondern auch zu einer mentalen Entspanntheit kommt.

Das brauchst du:

Für die isometrischen Übungen brauchst du nur ein Halfter und einen Strick, um dein

Pferd ggf. daran zu hindern, sich von dir zu entfernen. Bei fortgeschrittenen Pferden kannst du die Übung auch mit instabilen Untergründen kombinieren (Phase zwei).

So geht's:
Du stehst neben deinem Pferd, legst deine Hand neben das Hüftgelenk und fängst an, sanft gegen dein Pferd zu drücken. Diesen Druck baust du vorsichtig auf, bis du merkst, dass sich die Muskelspannung bei deinem Pferd verändert und es mit Gegendruck reagiert. Wie groß der Druck sein darf, auf den dein Pferd mit Gegendruck reagiert, ist abhängig vom Trainings- und Stabilitätszustand deines Pferdes. Hier gilt es ein Gefühl für die Spannungsentwicklung zu entwickeln. Reagiert dein Pferd mit einem Ausgleichsschritt, war der von dir aufgebaute Druck zu hoch.

Die aufgebaute Muskelspannung hältst du, je nach Trainingszustand deines Pferdes, für etwa sechs bis 15 Sekunden. Dann lässt du langsam und sanft wieder nach. Nimmst du den Druck zu schnell weg, bewirkst du eine Dysbalance bei deinem Pferd. Du kannst die Übung drei- bis fünfmal wiederholen. Danach bekommt dein Pferd eine Pause, indem du es zum Beispiel eine Runde um den Platz führst.

Die Übung lässt sich sehr gut variieren, indem du die Körperstellen, an denen du den Druck aufbaust, veränderst. Du kannst seitlichen Druck erzeugen, den dein Pferd mit Gegendruck beantworten muss, indem du den Druck an der Hinterhand oder an der Schulter aufbaust. Zudem kannst du Druck von vorne nach hinten an der Brust sowie von hinten nach vorn unterhalb der Sitzbeinhöcker erzeugen.

Im weiteren Verlauf kannst du die Übung auf einen instabilen Untergrund verlagern, um den Destabilisierungseffekt zu erhöhen.

Übung zur Selbsterfahrung

Um selbst zu erfahren, wie anstrengend und wie wirkungsvoll diese Übung ist, kannst du jemanden bitten, sie mit dir durchzuführen: Bitte eine Person, dich auf die beschriebene Weise aus dem Gleichgewicht zu bringen und reagiere darauf durch eine vermehrte Stabilität. Du wirst sehen, wie effektiv diese scheinbar banale Übung für Rumpfstabilität und die Balance ist!

Statische Übungen mit instabilen Untergründen

In Phase eins, als es um die Aktivierung lokaler Stabilisatoren ging, hast du dein Pferd mit dem instabilen Untergrund vertraut gemacht. In Phase zwei geht es nun darum, die Instabilität gezielter zu nutzen und die Balance im Sinne der statischen posturalen Kontrolle (statische Stabilität) zu verbessern, damit es deinem Pferd leichter fällt, sich auf seiner Unterstützungsfläche auszubalancieren.

Übungen im Stand mit instabilen Untergründen kannst du vor, während und nach einer Trainingseinheit nutzen. Auf diese Weise kannst du die Muskulatur deines Pferdes sanft aktivieren und die Körperwahrnehmung schon vor dem Training verbessern.

Während einer Trainingseinheit kannst du einen instabilen Untergrund gezielt für Pausen nutzen, um die Koordination und dadurch die Bewegungsqualität zu verbessern. Fällt es deinem Pferd beispielsweise schwer, sich an der Longe zu stellen und zu biegen, kannst du es immer mal wieder während der Trainingseinheit auf die Matte stellen und es für

Isometrische Übungen sind effektive Übungen zur Muskelkräftigung, zur Verbesserung der statischen Stabilität und sie dienen der Entspannung. *Foto © Lena Rosen*

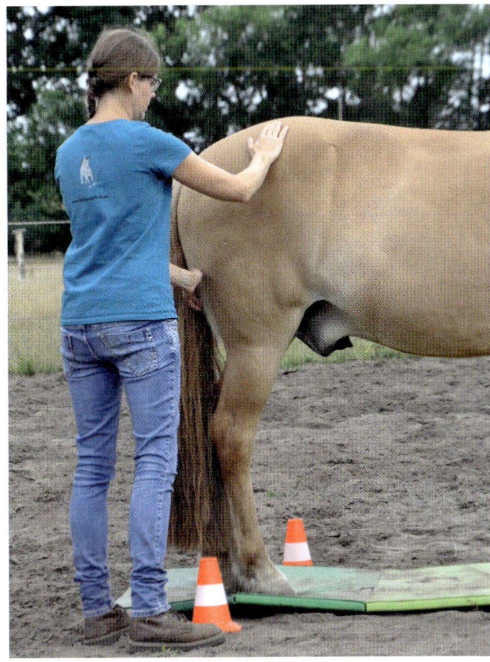

Werden isometrische Übungen auf instabilen Untergründen durchgeführt, erhöht sich der Schwierigkeitsgrad. *Foto © Karolina Kardel*

ein paar Minuten dort stehen lassen. Hier bieten sich auch isometrische Übungen und Kopfbewegungen an. Häufig findet dadurch eine Verbesserung der Bewegung statt, weil sich dein Pferd auf der Matte permanent ausbalancieren muss, sein Gewicht optimaler auf seine vier Hufe verteilt und damit seine statische Stabilität verbessert, die ihm am Ende auch in der Bewegung helfen kann. Darüber hinaus beginnen die meisten Pferde, sich körperlich und mental zu entspannen. Die so erreichte Losgelassenheit kann im weiteren Trainingsverlauf Takt, Geraderichtung, Stellung und Biegung sowie die Versammlungsfähigkeit verbessern. Nur ein entspannter Muskel lässt Bewegung zu. Ist ein Muskel verspannt, ist er in seiner Dehnungsfähigkeit gehemmt, was wiederum mit einer Bewegungseinschränkung einhergeht. Nach dem Training kannst du die Matte im Rahmen deiner Cool-down-Phase zur Entspannung nutzen.

Du kannst dein Pferd ruhig so lange auf der Matte (oder den Balance-Pads) stehen lassen, wie es das möchte. Zu lang gibt es nicht. Möchte dein Pferd nur kurze Zeit auf dem instabilen Untergrund stehen, solltest du das akzeptieren. Verzichte unbedingt darauf, deinem Pferd eine längere Verweildauer anzutrainieren. Ziel ist nicht, dass dein Pferd möglichst lang auf dem instabilen Untergrund stehen bleibt. Aus diesem Grund empfehle ich dir auch explizit nicht, dass du die Standzeit auf der Matte oder auf Balance-Pads belohnst. Zum einen kann es passieren, dass dein Pferd länger, als ihm vielleicht

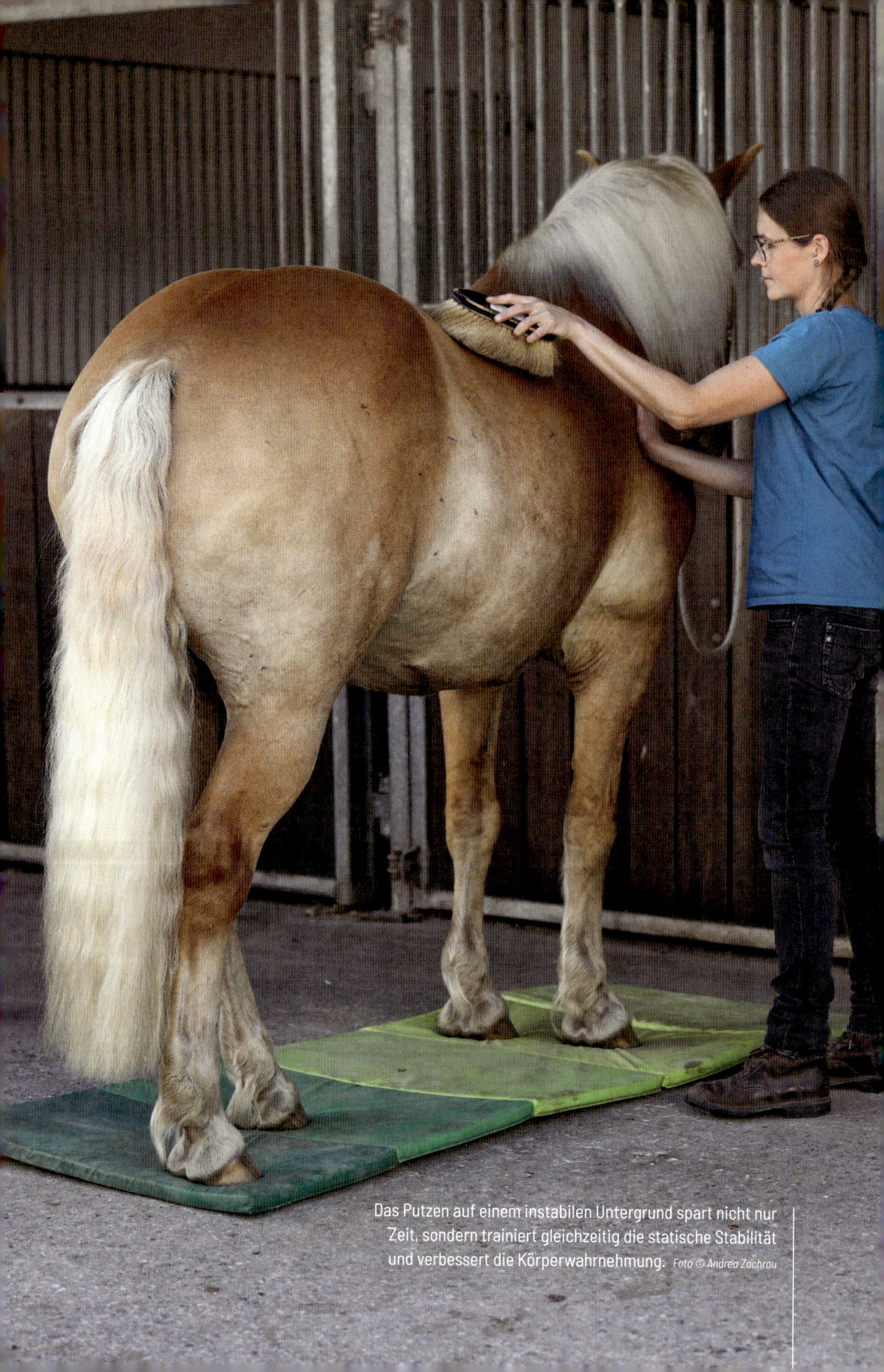

Das Putzen auf einem instabilen Untergrund spart nicht nur Zeit, sondern trainiert gleichzeitig die statische Stabilität und verbessert die Körperwahrnehmung. Foto © Andrea Zachrau

angenehm wäre, auf der Matte stehen bleibt, um sich weiter eine Belohnung verdienen zu können. Zum anderen ist der Fokus deines Pferdes dabei vor allem im Außen und der eigentliche Effekt geht verloren.

Das brauchst du:
Du brauchst einen instabilen Untergrund, idealerweise eine Turnmatte. Alternativ kannst du auch vier Balance-Pads nutzen.

Putzen auf instabilem Untergrund

Nutze das Putzen vor oder nach dem Training, um an der statischen posturalen Kontrolle zu arbeiten, indem du dein Pferd dabei auf einen instabilen Untergrund stellst. Auf diese Weise sparst du an stressigen Tagen nicht nur Zeit, sondern hast gleich einen positiven Effekt: Beim Putzen gibst du unterschiedliche taktile Reize. Gleichzeitig bringst du dein Pferd durch den leichten Druck, den du beim Putzen erzeugst, immer wieder minimal aus der Balance. Dieser Destabilisierungseffekt wird beim Putzen auf einem instabilen Untergrund verstärkt, was die Herausforderung für dein Pferd erhöht.

Ein weiterer positiver Trainingseffekt: Beim Auskratzen der Hufe verändert sich die Unterstützungsfläche und aus einem Viereck wird ein Dreieck, über dem dein Pferd seinen Körper ausbalancieren muss. Kratzt du die Hufe deines Pferdes auf einem instabilen Untergrund aus, erhöht dies den Schwierigkeitsgrad, weil zur veränderten Unterstützungsfläche, auf der sich dein Pferd ausbalancieren muss, auch noch die Instabilität durch den Untergrund hinzukommt. Gleichzeitig kann der durch die Instabilität erhöhte Muskeltonus Pferden, die Probleme haben, ihre Hufe zu geben, zu mehr Stabilität verhelfen.

Veränderung der instabilen Standfläche

Um den Schwierigkeitsgrad zu steigern, kannst du die instabile Standfläche verändern. Du kannst die Instabilität erhöhen und die Unterstützungsfläche verkleinern. Die Instabilität lässt sich erhöhen, indem du beispielsweise zwei Matten übereinanderlegst oder eine andere, instabilere Matte wählst. Die Unterstützungsfläche kannst du verkleinern, indem du jeweils einen Huf deines Pferdes für ein paar Sekunden hochnimmst und so aus der rechteckigen Unterstützungsfläche eine dreieckige Unterstützungsfläche machst. Außerdem kannst du die Fläche, die deinem Pferd auf der Matte zur Verfügung steht, verringern. Entweder indem du beispielsweise die Fläche mit Hütchen oder Stangen verkleinerst oder indem du die Matte zusammenfaltest, wenn dies möglich ist.

Bei der Veränderung der Unterstützungsfläche durch das Hochnehmen eines Hufes kannst du jeden Huf sechs bis 15 Sekunden oben halten, ehe du zum nächsten Huf wechselst. Du nimmst alle vier Hufe einmal hoch. Zwei Durchgänge bieten sich hier an, dann solltest du deinem Pferd eine Pause geben und es sich bewegen lassen. Du könntest es zum Beispiel eine Runde führen.

Nutzt du die Variante des Zusammenfaltens der Matte, verkleinerst du nicht nur die Unterstützungsfläche, sondern erhöhst gleichzeitig die Instabilität. Hierbei solltest du langsam und Schritt für Schritt vorgehen. Meine Empfehlung ist folgende: Du faltest erst ein Ende ein und lässt dein Pferd mal mit der Vorhand und mal mit der Hinterhand auf dieser instabileren Fläche anhalten. Dann faltest du das zweite Ende ein. Sollte es deinem Pferd schwerfallen, auf der kleineren instabilen Fläche zum Stehen zu kommen, kannst du taktile Reize zu Hilfe nehmen und das Bein deines Pferdes abstreichen. Auch kann es helfen, das

Durch das Anheben des Hufes wird aus der rechteckigen eine dreieckige Unterstützungsfläche.
Foto © Andrea Zachrau

Manchmal kann es helfen, den Huf mit der Hand zu platzieren, um dem Pferd zu zeigen, was von ihm erwünscht ist. Foto © Andrea Zachrau

Bein selbst zu platzieren, um deinem Pferd zu zeigen, was du von ihm verlangst.

Bitte beachte, dass dein Pferd, wenn es seine Unterstützungsfläche verkleinert, immer auch eine gewisse Dehnungsfähigkeit in der Oberlinie braucht, weil es mit der Hinterhand vermehrt untertritt. Dein Pferd sollte also bereits ein wenig aufgewärmt sein. Hält sich dein Pferd im Rücken fest oder hat es muskuläre Verspannungen, wird es ihm auch schwerfallen, auf einer kleineren Fläche zu stehen. Hierfür ist eine entspannte, losgelassene Muskulatur notwendig.

Matte als Podest

Nutzt du die zusammengefaltete Matte als Podest für die Vor- oder die Hinterhand, kannst du ebenfalls die statische posturale Kontrolle verbessern. In dem Fall steht dein Pferd mit der Vorhand oder mit der Hinterhand auf der komplett zusammengefalteten Matte, die auf diese Weise eine erhöhte instabile Fläche darstellt. Das instabile Podest hat einen großartigen Übungseffekt für die Balance und die Hinterhandaktivität: Trägt sich dein Pferd mit der Hinterhand nicht, weil es nicht gelernt hat, sein Gewicht entsprechend zu verlagern, wird es mit der Matte nach vorn wegrutschen. Durch die Übung lernt es, sein Körpergewicht stärker nach hinten zu verlagern und sich hinten besser zu tragen. Gelingt das Stehen auf der Erhöhung, kannst du dein Pferd im weiteren Verlauf zu einer Gewichtsverlagerung animieren, sodass es noch mehr Gewicht mit der Hinterhand aufnimmt und seine Hanken beugt. Hier bietet sich die Übung „Crunches"

Nutzt du die Matte als Podest, lernt dein Pferd ganz spielerisch, sich auszubalancieren und sich hinten mehr zu tragen. *Foto © Andrea Zachrau*

Das Steppen auf der Matte verbessert Balance, Stabilität und Koordination. *Foto © Andrea Zachrau*

(siehe Seite 87) an. Damit habe ich meinen Sleipi an das Steigen herangeführt: Je besser er sich hinten tragen konnte, desto leichter wurde er vorn. Als er das erste Mal seine Vorderbeine vom Boden löste, wurde dies von mir überschwänglich gelobt und belohnt. Vor einigen Jahren noch undenkbar, gehört das Steigen mittlerweile zu seinen absoluten Lieblingsübungen.

Mattenstepper

Dein Pferd hat bereits gelernt, auf dem Mattenpodest zu stehen? Dann kannst du das Mattenpodest im weiteren Training nutzen, um mit deinem Pferd zu steppen. Hierbei soll dein Pferd seine Vorderbeine im Wechsel auf den Boden setzen und sich wieder neu hochstützen – ähnlich, wie du es auf einem Stepper machen würdest. Die Übung verbessert die statische und dynamische posturale Kontrolle, denn dein Pferd lernt, mit seiner Balance zu spielen, Gewicht auf die Hinterhand zu bringen und sich besser zu tragen. Hat dein Pferd bei dieser Übung zu viel Gewicht auf der Vorhand, wird das Steppen nicht gelingen. Somit ist das erfolgreiche Steppen für dich ein direktes Feedback, ob und wie gut dein Pferd seinen Körper ausbalancieren und mit seinem eigenen Schwerpunkt spielen kann. Zudem wird die Ansprache der einzelnen Vordergliedmaßen verbessert. Dies hilft dir beispielsweise bei der Verbesserung des Schulterhereins, wo dein Pferd mit der Vorhand eine andere Bewegung macht als mit der Hinterhand. Die Übung lässt sich sowohl mit den Vorder- als auch mit den Hinterbeinen durchführen.

Das Dehnen des Halses hat nicht nur einen gymnastizierenden Effekt, es fordert und fördert auch den Gleichgewichtssinn des Pferdes. *Fotos © Andrea Zachrau*

Halsgymnastik

Das Wahrnehmen von Gleichgewichtsreizen erfolgt, wenn die Flüssigkeit im Labyrinth des Innenohrs in Bewegung gerät, was wiederum von den feinen Sinneshärchen in den drei Bogengängen registriert wird. Daher reicht allein eine Kopfbewegung aus, um Dreh- und Winkelbeschleunigungen wahrzunehmen, weil die Flüssigkeit im Innenohr bereits bei einer Kopfbewegung in Bewegung gerät. Aus diesem Grund kannst du mit deinem stehenden Pferd Gleichgewichtsübungen machen, indem du es dazu animierst, seinen Kopf zu bewegen.

Du kennst diese Übung vielleicht von deinem Pferdephysiotherapeuten, denn sie ist eine wunderbare Möglichkeit, die Beweglichkeit von Genick und Hals zu überprüfen und das Pferd zu dehnen. Die Dehnung setzt bei dieser Übung Reize, die von den Sensoren und Rezeptoren des taktilen Systems und den Propriozeptoren wahrgenommen werden.

Dennoch spricht die Übung „Halsgymnastik" primär den Gleichgewichtssinn an und bietet eine gute Möglichkeit, an der statischen posturalen Kontrolle zu arbeiten. Dies kann sinnvoll sein, wenn dein Pferd zum Beispiel Probleme beim Hufegeben hat oder beim Aufsitzen immer losläuft. Auch für Pferde, denen es schwerfällt, sich ausbalanciert auf einer gebogenen Linie zu bewegen, ist diese Übung gut geeignet.

Das brauchst du:

Für die Halsgymnastik brauchst du wahlweise ein paar Karotten oder andere Leckerli oder du nimmst ein Target. Möchtest du den Schwierigkeitsgrad der Übung erhöhen, kannst du zudem einen instabilen Untergrund, ein Podest und Wippen nutzen.

So geht's:
Dein Pferd soll Kopf und Hals in verschiedene Richtungen bewegen. Hierfür hältst du deinem Pferd eine Karotte vor die Nase und machst dann langsame Bewegungen, denen dein Pferd folgen soll. Du kannst die Karotte mal nach oben über den Kopf deines Pferdes führen, nach links oder nach rechts. Auch runter auf den Boden und zwischen die Vorderbeine kannst du den Kopf deines Pferdes mit der Karotte lenken. Damit dein Pferd die Lust an diesem Spiel nicht verliert, solltest du ihm zwischendrin erlauben, von der Möhre abzubeißen. Nutzt du statt einer Karotte ein Target, dann lass dein Pferd zwischendrin das Target berühren und sich eine Belohnung verdienen.

Ganz wichtig: Dein Pferd soll bei dieser Übung stehen bleiben. Gelingt diese Übung gut, kannst du sie variieren, indem du dein Pferd etwa auf einen instabilen Untergrund oder auf eine Wippe stellst. Auch auf einem Podest – wahlweise mit zwei oder vier Beinen – lässt sie sich wunderbar mit einem höheren Schwierigkeitsgrad durchführen, weil sich die Unterstützungsfläche deines Pferdes verkleinert.

Crunches / Statische Versammlung

Die Crunches sind eine Lieblingsübung von mir und meinen Pferden. Kennengelernt habe ich sie durch das Intrinzen-Konzept, wo sie als Core Stabilizer[37] eine Grundübung darstellen. Die Trainerin, Tierärztin und Buchautorin Dr. Dana Rindermann nutzt die Übung beim von ihr entwickelten Okapi-Training® unter dem Namen Isometrischer Squat[38] und bereits beim französischen Reitmeister François Baucher (1796–1873) kannst du eine ähnliche Übung finden.

Crunches sind eine Art Versammlung im Stand. Dein Pferd richtet sich auf, hebt seinen Widerrist, verlagert seinen Schwerpunkt nach hinten und beugt die Hanken. Dabei spielt es mit seiner Balance und bringt vermehrt Gewicht auf die Hinterhand. Mit den Crunches hast du die Möglichkeit, die statische posturale Kontrolle und die Körperwahrnehmung deines Pferdes zu verbessern. Bei einem Pferd ruht aufgrund der Anatomie mit langem Hals und schwerem Kopf von Natur aus mehr Gewicht auf der Vorhand. Indem dein Pferd lernt, seinen Widerrist anzuheben und seinen Schwerpunkt weiter nach hinten zu verlagern, findet es besser ins Gleichgewicht und die Vorhand wird leichter. Idealerweise verkleinert dein Pferd auch seine Unterstützungsfläche, indem es Vorhand und Hinterhand näher zueinanderbringt. Damit sind die Crunches eine großartige Übung, um das Gefühl für den eigenen Körper zu stärken, die intra- und intermuskuläre Koordination zu fördern, den Rumpftrageapparat zu kräftigen und Gleichgewicht und Balance zu verbessern. Das Bewegungsmuster der Crunches hilft deinem Pferd auch beim Reiten, sich gesünder zu bewegen.

Gleichzeitig hat diese Übung Auswirkungen auf das mentale Bewusstsein deines Pferdes.

Das brauchst du:
Crunches kannst du mit deinem Pferd theoretisch frei erarbeiten. Hilfreich sind aber ein Halfter und ein Strick für eine bessere Kontrolle. Außerdem brauchst du Leckerli, ggf.

[37] Vgl. Sierra, Kathy: Part Three. Teaching the Core Stabilizer. 2017
[38] Rindermann, Dana Dr.: Mach mich stark. Mit dem Clicker bis zur Hohen Schule. Cadmos, 2021, S. 148

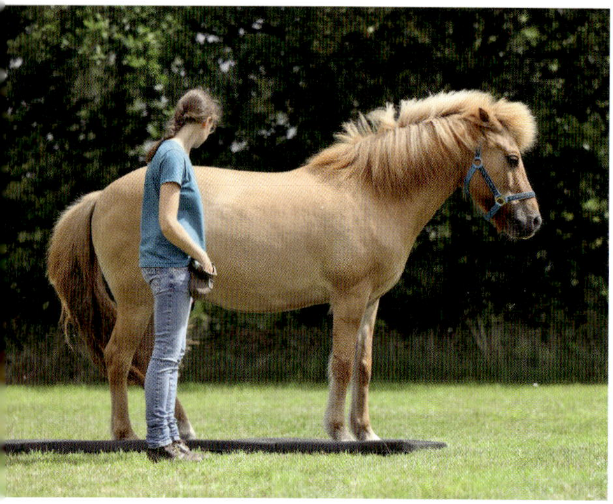

Das Berühren der Hinterhand ist das Signal für den Crunch: Sleipi verlagert sein Gewicht nach hinten, beugt die Hanken, verkleinert die Standfläche und richtet sich auf. *Fotos © Andrea Zachrau*

einen Clicker und, je nach Pferd, einen Zaun, eine Wand, eine Stange oder Ähnliches.

So geht's:

Um deinem Pferd die Crunches beizubringen, gibt es verschiedene Möglichkeiten. Allen gemein ist, dass du mit Futterlob arbeitest.

> **Selbstversuch: Körperhaltung und mentales Befinden**
>
> Stell dich einmal hin. Einfach so, ohne auf deine Körperhaltung zu achten. Und dann spür in dich rein: Wie fühlt sich diese Haltung für dich an, wie fühlst du dich in dieser Haltung?
> Im nächsten Schritt dann stellst du dich aufrecht hin, machst dich groß und bringst Spannung in deinen Körper. Wie fühlt sich diese Haltung an, was macht sie mit dir?

Du kannst selbstverständlich auch ohne Futterlob arbeiten. Wenn du aber möchtest, dass dein Pferd diese Übung nach einiger Zeit von allein ausführt, empfehle ich dir die Arbeit mit positiver Verstärkung und Futterlob.

Im Folgenden stelle ich dir unterschiedliche Methoden vor, wie du die Übung erarbeiten kannst. Jedes Pferd ist anders und was bei einem Pferd gut gelingt, gelingt bei einem anderen nicht. Deswegen probiere aus, was bei dir und deinem Pferd am besten funktioniert.

Dein Trainingsziel ist, dass dein Pferd sein Gewicht nach hinten verlagert, idealerweise seine Hanken beugt und den Widerrist anhebt. Dein Pferd soll sich nicht mit den Beinen nach hinten stemmen, den Unterhals vor- und den Rücken wegdrücken. Dies sage ich so explizit, weil viele Pferde so ein Bewegungsmuster zu Beginn des Trainings zeigen. Hier gilt es, am Ball zu bleiben und die Ausführung zu optimieren. Sollte dein Pferd diese stark rückwärtsgerichtete Bewegungen zeigen, fordere kleinere Bewegungen und lobe dein Pferd wesentlich früher. Auch kann es helfen, eine tiefe Fütterungshaltung zu wählen.

Rückwärtsbewegung vor einer Begrenzung

Um deinem Pferd den Crunch beizubringen, kannst du damit beginnen, dass du es zu einer leichten Rückwärtstendenz animierst. Oft reicht es, eine Hand auf die Brust des Pferdes zu legen, um eine Gewichtsverlagerung nach hinten zu bewirken. Um zu verhindern, dass dein Pferd einen Schritt zurück macht, kannst du die Übung zu Beginn vor einem Zaun oder einer Wand machen oder eine Stange als Begrenzung nutzen.

Sobald dein Pferd die richtige Bewegungsidee zeigt - zu Beginn werden es nur kleine Nuancen sein –, lobst du es. Achte von Anfang an darauf, dass sich dein Pferd nicht einfach nur nach hinten bewegt, indem es seinen Körper nach hinten stemmt und dabei womöglich den Kopf hochreißt, sondern auch darauf, dass es seine Hanken beugt und seinen Widerrist anhebt. Dies erreichst du besonders gut, wenn du die Übung vor einer rückwärtigen Begrenzung ausführst. Dein Pferd wird das so erzeugte und sich lohnenswerte (da mit Futter belohnte) Bewegungsmuster in seinem motorischen Gedächtnis abspeichern und nach einiger Zeit auch ohne Begrenzungshilfe zeigen können. Bitte beachte, dass diese Trainingsvariante nur für Pferde geeignet ist, die mit der rückwärtigen Begrenzung keinerlei Stress haben.

Isometrische Übung

Eine Alternative hierzu ist, dass du deinem Pferd die Crunches über eine isometrische

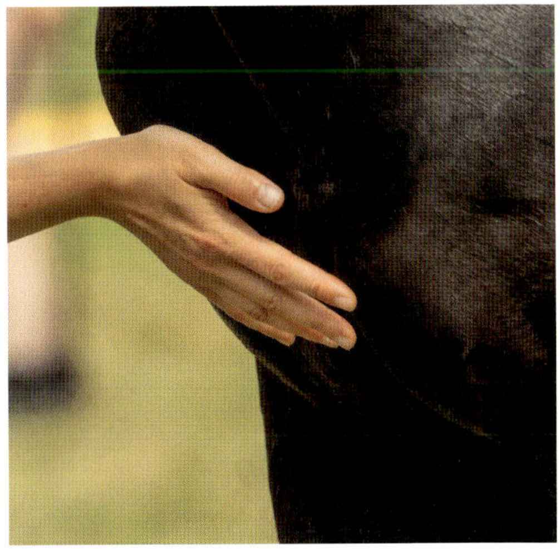

Über einen Impuls an der Brust erklärst du deinem Pferd die Bewegungsidee der Crunches. *Foto © Lena Rosen*

Übung beibringst. Hierfür legst du deine Hand auf die Brust deines Pferdes und baust ganz langsam Druck auf, auf den dein Pferd mit Gegendruck reagiert. In dem Moment, in dem dein Pferd die richtige Bewegungsidee zeigt und der Widerrist hochkommt, lobst du dein Pferd.

Der Aufbau der Crunches über eine isometrische Übung ist für Pferde geeignet, die aus verschiedenen Gründen Probleme haben, vor einer Begrenzung zu stehen. Im Unterschied zur ersten Variante geht es hier weniger darum, dass dein Pferd seinen Körper aktiv nach hinten-unten bewegt und seine Hanken beugt, sondern eher um den Aufbau der Stabilität und des damit einhergehenden Bewegungs- und Körpergefühls.

Bis dein Pferd die Übung verinnerlicht hat und selbstständig umsetzt, kann es je nach Pferd einige Wochen dauern.

Egal mit welcher der beiden Methoden du deinem Pferd die Bewegungsidee der Crunches erklärst: Hat dein Pferd einmal verstanden, was es machen soll, kannst und solltest du sogar dazu übergehen, nicht mehr über einen Reiz vorn an der Brust zu arbeiten, sondern die Übung auf ein Signal zu konditionieren. So ein Signal kann sein, dass du deine Hand in Richtung Widerrist streckst, dass du ein bestimmtes Wort sagst oder Ähnliches. Diese Signalkontrolle in Kombination mit einer flexibleren Positionierung deinerseits hat den Vorteil, dass du die Crunches in Zukunft freier und flexibler in dein Training einbinden kannst. Du kannst dein Pferd auf der Matte, auf der Wippe, auf einem Podest, in der Bewegung und sogar mit dir auf seinem Rücken crunchen lassen und du kannst den Crunch viel besser mit Bewegung verbinden.

Spanischer Gruß

Der Spanische Gruß ist eine Vorstufe des Spanischen Schritts, den du auf Seite 105 bei den Übungen der dritten Phase findest, wenn es um die dynamische posturale Kontrolle geht. Beim Spanischen Schritt streckt dein Pferd seine Vorderbeine nach vorne oben aus, während es sich im Schritt vorwärtsbewegt. Aufgrund des gymnastizierenden Effektes dieser Übung wird sie auch im klassischen Training genutzt. So fördert die Übung beispielsweise die Schulterfreiheit. Der Spanische Schritt sowie die Vorstufe Spanischer Gruß sind wunderbare Übungen für das Training der Balancefähigkeit, der Koordination und der Körperwahrnehmung und sie bieten deinem Pferd neue Bewegungsideen für die Vorhand, von denen du in deinem Alltagstraining profitieren kannst: Dein Pferd lernt beispielsweise, mit seinem Bein vermehrt nach vorne auszugreifen, was zu einer Verbesserung des Trabs führen kann.

Der Nutzen des Spanischen Grußes im Sinne der statischen posturalen Kontrolle liegt darin, dass sich beim Ausstrecken des Vorderbeines die Körperfläche deines Pferdes verändert, die es auf der jeweiligen Unterstützungsfläche ausbalancieren muss. Damit dies gelingt, muss dein Pferd seinen Schwerpunkt weiter nach hinten verlagern und sich hinten mehr tragen. Dies erklärt die versammelnde Wirkung der Übung. Die Schwerpunktverlagerung ist wichtig, weil dein Pferd durch das ausgestreckte Vorderbein seine Körperfläche über der Unterstützungsfläche vergrößert. Würde es seinen Schwerpunkt nicht weiter nach hinten verlagern, würde es nicht in der Lage sein, das Bein hochzuhalten.

Zudem kann der Spanische Gruß deinem Pferd ein besseres Gefühl für seine Körpergrenzen geben: Beim Vorführen des Vorderbeins findet eine Dehnung statt. Gedehnt und gekräftigt werden bei dieser Übung die am Vor- und Rückführen der Vorhand beteiligten Muskeln wie zum Beispiel der breite Rückenmuskel M. latissimus dorsi (Rückführer des Vorderbeins), der M. brachiocephalicus (Vorführer des Vorderbeins) und die Brustmuskulatur. Im Unterschied zu passiven Mobilitätsübungen, wie dem Dehnen der Vordergliedmaße nach vorn, wie du es sicherlich von der

Selbsterfahrungsübung

Den Effekt des Spanischen Grußes kannst du selbst ausprobieren, indem du dich auf ein Bein stellst und dein anderes Bein nach vorne oder nach hinten weg ausstreckst. Alternativ kannst du auch deinen Oberkörper nach vorne lehnen. Die Fläche, die über der Unterstützungsfläche ausbalanciert werden muss, vergrößert sich. Du musst dich besser stabilisieren, um in Balance zu bleiben.

Das vorgestreckte Vorderbein vergrößert die Unterstützungsfläche, über der sich dein Pferd ausbalancieren muss. So wird die Balance effektiv geschult. *Foto © Andrea Zachrau*

Pferdephysiotherapie kennst, ist dies eine aktive Mobilitätsübung, die dein Pferd selbst ausführt. Dein Pferd entscheidet, wie hoch es sein Vorderbein nehmen und wie weit es sein Bein nach vorne ausstrecken möchte. Das Gehirn erteilt einen Bewegungsauftrag – anders als bei einer passiven Dehnung. Weil dein Pferd den Dehnungsgrad seines Vorderbeins selbst bestimmt, ist das Risiko einer Überdehnung, das beim passiven Dehnen besteht, minimiert.

Das brauchst du:

Für diese Übung brauchst du Halfter und Strick sowie, je nach Trainingsart, eine Gerte oder ein Target, einen Clicker sowie Leckerlis.

So geht's:

Um deinem Pferd den Spanischen Gruß beizubringen, hast du zwei Möglichkeiten, die sich nach der Trainingsform unterscheiden, mit der du trainierst. Nutzt du die negative Verstärkung, würdest du deinem Pferd die Übung über ein Touchieren der Vorderbeine mit der Gerte beibringen. Nutzt du die positive Verstärkung, arbeitest du mit einem Target.

Im Folgenden werde ich dir beide Möglichkeiten kurz darstellen:

- Beim konventionellen Training mit negativer Verstärkung touchierst du das Vorderbein deines Pferdes mit der Gerte und setzt dabei so lange einen Impuls, bis dein Pferd sein Bein hebt. Das Touchieren soll dabei immer fein bleiben, auf keinen Fall darfst du dein Pferd mit der Gerte schlagen. Sobald dein Pferd das Bein hebt, hörst du auf und lobst es. Dein Pferd lernt: Hebt es auf das Touchieren hin sein Bein, endet der Gertenimpuls. Falls dein Pferd nicht reagiert und wie gewünscht sein Bein hebt, wirke bitte nicht stärker mit der Gerte ein, sondern variiere stattdessen das Tempo und die Art und/oder die Stelle des Touchierens. Hat dein Pferd verstanden, worum es geht, übst du das Heben des Beines auf beiden Seiten.

- Beim Training mit positiver Verstärkung sollte dein Pferd mit dem Targettraining vertraut sein. Beim Targettraining geht es darum, dass dein Pferd das Target mit seinem Körper berührt – in diesem Fall mit dem Vorderbein. Der große Unterschied zum konventionellen Antippen mit der Gerte besteht darin, dass dein Pferd nicht auf den Gertenimpuls reagiert, sondern von sich aus aktiv sein Bein zum Target hinbewegt. Sobald das Target berührt wird, gibt es einen Klick und einen Keks.

Ein wichtiger Aspekt, der bei dieser Übung nicht unerwähnt bleiben darf: Du solltest diese Übung unbedingt unter Signalkontrolle stellen. Das bedeutet, dass dein Pferd nur dann den Spanischen Gruß zeigt, wenn du ihn sehen möchtest und deinem Pferd das entsprechende Signal (Wort, körperliches Zeichen) dafür gibst. Andernfalls kann es nämlich leicht passieren, dass dein Pferd in jeder beliebigen Situation mit seinen Vorderbeinen um sich schmeißt – vor allem dann, wenn du

Stangen lassen sich kreativ und abwechslungsreich in das Training einbauen, um die Koordination des Pferdes zu verbessern. *Foto © Lena Rosen*

diese Übung mit Futterlob erarbeitet hast, für gewöhnlich aber nicht mit Futter arbeitest und beim Einsatz von Futterlob keine konsequenten Regeln befolgst. Hebt dein Pferd sein Bein, um sich eine leckere Belohnung zu verdienen, und haut dabei mit seinem Huf gegen deinen Oberschenkel, tut das ziemlich weh.

Variieren kannst du die Übung, indem du sie auf einem instabilen Untergrund wie der Matte oder auf veränderten Unterstützungsflächen abfragst - beispielsweise, wenn dein Pferd mit den Vorderbeinen oder allen vier Hufen auf einem Podest oder einer erhöhten Matte oder bergauf bzw. bergab an einem Hügel steht.

Training mit Stangen

Stangentraining ist nicht nur eine wunderbare Abwechslung für den Trainingsalltag, sondern es verbessert Balance, Takt, Umstellungsfähigkeit, Versammlungsfähigkeit, Feinmotorik und insgesamt die Körperwahrnehmung deines Pferdes. Stangentraining ist vor allem für die Pferde gut geeignet, die mit ihren Hufen förmlich am Boden kleben: Das Übersteigen der Stangen erfordert ein Hochnehmen der Beine. So kann mit regelmäßiger Wiederholung das Bewegungsmuster der Vorhand verändert werden. Je nach Übung kannst du mithilfe von Stangentraining in Phase zwei die statische Stabilität und in Phase drei die dynamische und reaktive Stabilität schulen.

Stangen lassen sich abwechslungsreich und kreativ ins Training einbinden - sowohl bei der Bodenarbeit als auch bei der Arbeit unterm Sattel. Du kannst einige wenige Stangen für dein Warm-up benutzen oder du baust dir einen Koordinationsparcours auf. Deiner Kreativität sind hierbei keine Grenzen gesetzt. Auch lassen sich Stangen mit anderen Trainingstools wie zum Beispiel Körperbändern und instabilen Untergründen kombinieren.

Das brauchst du:
Für das Stangentraining brauchst du Stangen oder Dualgassen. Stangen bieten den Vorteil, dass sie recht schwer sind und daher besser an Ort und Stelle liegen bleiben. Sie sind dadurch aber natürlich auch aufwendiger aufzubauen. Dualgassen hingegen lassen sich leicht von A nach B tragen. Der Nachteil von Dualgassen besteht darin, dass sie leicht zur Seite rutschen und nicht jedes Pferd sie als Hindernis betrachtet. Je nachdem, wie vertraut dein Pferd mit instabilen Untergründen und wie motiviert es beim Training ist, kann es passieren, dass es sich lieber draufstellt als drübersteigt. Arbeitest du mit Stangen, achte darauf, dass sie splitterfest sind, und nicht wegrollen, sollte dein Pferd einmal drauftreten.

Bewegung stückeln über Stange

Beim Stückeln der Bewegung über eine Stange soll dein Pferd Huf für Huf über eine Stange setzen und nach jedem Huf eine kurze Pause machen. Diese Übung klingt sehr leicht. Für die meisten Pferde ist sie aber alles andere als einfach. Fällt sie auch deinem Pferd schwer, hast du ein wichtiges Indiz zum Thema Vorhandlastigkeit und Balance. Pferde, die eher vorhandlastig sind, können nicht stehen bleiben, wenn die weiteren Beine nachgesetzt werden. In dem Moment, wo dein Pferd sein erstes Vorderbein weiter vor über die Stange gesetzt hat, schiebt es von hinten so viel Gewicht nach vorn, dass es das zweite Vorderbein zur Stabilisierung braucht. Durch die Übung lernt dein Pferd, mit seinem

Schwerpunkt zu spielen, sich besser auszubalancieren und Gewicht auf die Hinterhand zu verlagern. Dadurch wird die statische Stabilität verbessert.

Die Übung „Bewegung stückeln" verbessert die Balance, das Wahrnehmen und Einsetzen einzelner Gliedmaßen - sprich: die Feinmotorik bzw. kinästhetische Differenzierungsfähigkeit - und das Untertreten. Schafft es dein Pferd mit der Vorhand stehen zu bleiben, während die Hinterhand nachtritt, bekommt es auch eine Bewegungsidee von „mit der Hinterhand unter den Schwerpunkt treten" - ohne Druck und manipulative Einwirkung deinerseits.

Das brauchst du:
Für diese Übung brauchst du Halfter, Strick und eine Stange oder eine Dualgasse.

So geht's:
Du führst dein Pferd an die Stange heran, hältst es an und lässt es dann Huf für Huf über die Stange treten. Nach jedem Huf machst du eine kurze Pause von wenigen Sekunden, ehe dein Pferd sein nächstes Bein über die Stange setzen darf. Zwischen den beiden Vorderhufen und den Hinterhufen darf es aber selbstverständlich einen Schritt nach vorn machen, weil es sonst nicht mit den Hinterbeinen über

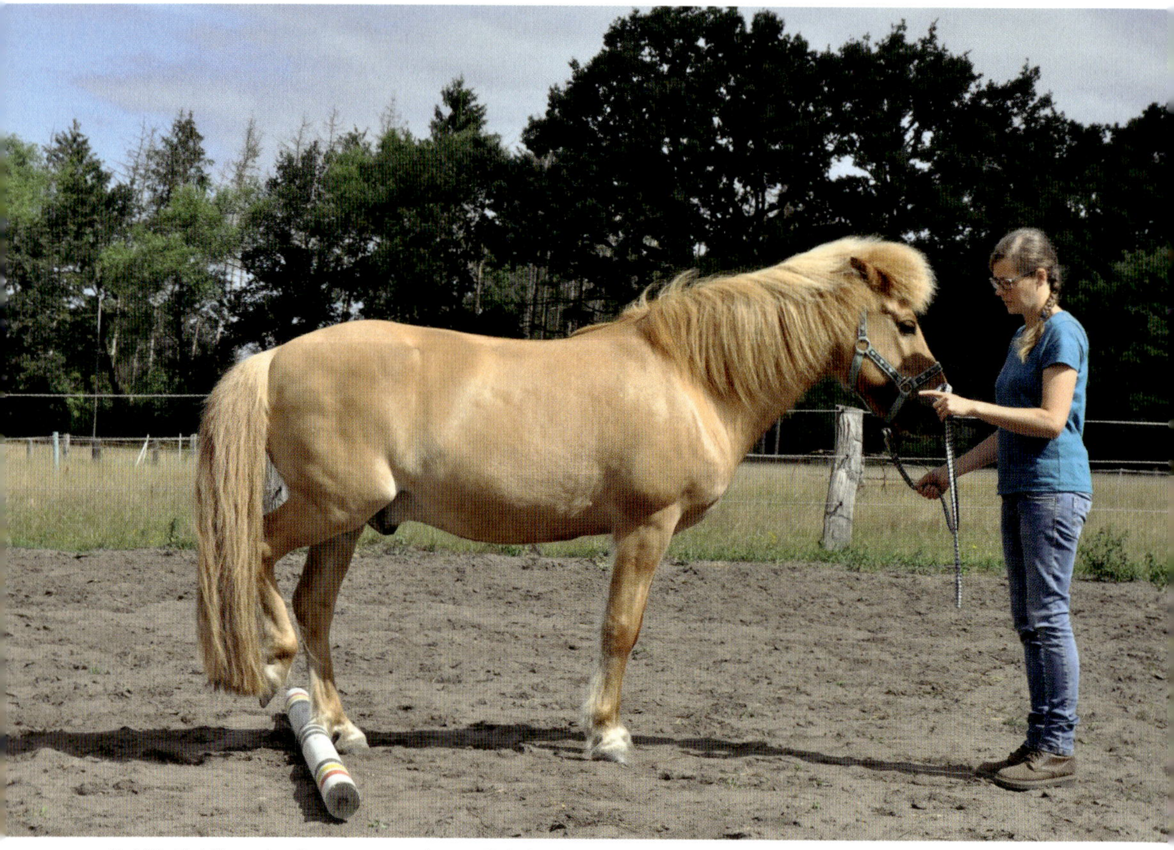

Huf für Huf über eine Stange treten kann effektiv die Vorhandlastigkeit verbessern. Foto © Karolina Kardel

die Stange treten könnte. Gelingt das Stückeln von Bewegung über eine Stange am Boden, kannst du die Übung variieren und den Schwierigkeitsgrad erhöhen. Du kannst sie beispielsweise auf einer Matte durchführen, du kannst zwei oder drei Stangen dicht hintereinanderlegen, damit dein Pferd einen größeren Schritt machen muss, und du kannst die Stange erhöht legen bzw. ein Cavaletti nutzen.

Stangen-Stepper

Der Stangen-Stepper ähnelt dem Stückeln von Bewegung. Allerdings soll dein Pferd bei dieser Übung nicht mit Vorder- und Hinterbeinen über die Stange treten. Stattdessen soll es ein Vorderbein über die Stange setzen, es wieder zurücknehmen und dann das andere Vorderbein vorsetzen. So schulst du die Balance und die statische Stabilität - dein Pferd muss sich ausbalancieren und stabilisieren können - sowie die Feinkoordination durch das gezielte Ansprechen der einzelnen Gliedmaßen.

Das brauchst du:
Für diese Übung werden Halfter, Strick und eine Stange oder eine Dualgasse gebraucht.

So geht's:
Du führst dein Pferd an die Stange heran, hältst es an und lässt es dann mit einem Huf über die Stange treten. Anschließend soll es den Huf wieder zurücksetzen und den anderen Huf über die Stange setzen.

Die Übung Stangen-Stepper kannst du variieren, indem du sie auf der Matte durchführst oder mehrere Stangen hintereinanderlegst, damit dein Pferd einen größeren Schritt mit seinem Vorderbein nach vorn machen muss.

Seitliches Stangentreten

Warum immer nur vorwärts über eine Stange? Lass dein Pferd doch mal seitwärts über eine Stange treten. Dies fördert nicht nur die Konzentrations- und Umstellungsfähigkeit, die kinästhetische Differenzierungsfähigkeit, Balance, die Orientierungsfähigkeit und die dynamische posturale Kontrolle, sondern es verbessert auch die Wahrnehmung und den gezielten Einsatz der einzelnen Gliedmaße. Damit ist die Übung eine sinnvolle Vorbereitung für die Arbeit an den Seitengängen.

Das brauchst du:
Für diese Übung brauchst du Halfter, Strick und eine Stange oder eine Dualgasse.

So geht's:
Leg eine Stange auf den Boden und lass dein Pferd mit allen vier Beinen seitlich übertreten. Übe dies auf beiden Händen. Wenn es deinem Pferd gut gelingt, kannst du die Stange leicht erhöhen oder zwei Stangen dicht nebeneinanderlegen, sodass dein Pferd einen größeren Schritt zur Seite machen muss. Du kannst die Übung außerdem mit einem instabilen Untergrund kombinieren.

Training mit dem Podest

Podesttraining ist für mich weit mehr als eine Zirkuslektion. Ich schätze die Arbeit mit dem Podest im Rahmen des Sensomotoriktrainings sehr, weil sie Gleichgewicht und Propriozeption, intra- und intermuskuläre Koordination optimal fördert. Ganz gleich, ob dein Pferd nur mit der Vorhand auf dem Podest steht oder mit allen vier Hufen.

Durch die Arbeit mit dem Podest schulst und förderst du die posturale Kontrolle deines Pferdes. Dein Pferd muss sich auf einer veränderten Unterstützungsfläche ausbalancieren. Dies betrifft bereits das Podesttraining nur mit der Vorhand. Steht dein Pferd mit allen vier Beinen auf dem Podest, hat es eine erhöhte und verkleinerte Unterstützungsfläche zur Verfügung, in der es für einen Moment stabil stehen muss. Anders als bei der Übung auf dem Boden hat es auf dem Podest nämlich keine Möglichkeit, einen kleinen Ausfallschritt zu machen, um seine verlorene Balance wiederherzustellen. Dein Pferd muss seine Gliedmaßen gezielt einsetzen und seinen Körper ausbalancieren. Es tritt vermehrt unter den Schwerpunkt und trainiert so die Versammlungsfähigkeit, ohne dass du manipulativ einwirkst. Von dieser Körper- und Bewegungserfahrung wird es langfristig auch im klassischen Reittraining profitieren. Zudem muss es seine Gliedmaßen gezielt und mit adäquatem Kraftaufwand bewegen können, damit sein großer Körper auf der kleinen Fläche Platz findet und nicht vorne runterfällt. Es lernt, wie hoch und wie weit es sein Bein heben muss, damit es damit auf das Podest steigen kann, wie es sein Gewicht am besten hochstemmt, welche Beine für Stabilität sorgen und wie viel Kraft es für die Bewegung braucht. Tritt dein Pferd beispielsweise mit zu viel Schwung mit der Hinterhand auf das Podest, würde es womöglich das Gleichgewicht verlieren und vorne wieder runterpurzeln.

Darüber hinaus verändert das Stehen auf dem Podest die Lage des Körpers im Raum: In der Regel steht dein Pferd mit allen vier Hufen auf dem Boden. Tritt es nun mit zwei oder vier Hufen auf das Podest, hat sich durch die Erhöhung seine Körperlage im Raum verändert.

Das brauchst du:

Für das Podesttraining brauchst du ein Podest und dein Bodenarbeitsequipment. Als Podest eignen sich spezielle Podeste für Pferde, die es im Handel zu kaufen gibt. Alternativ kannst du dir ein Podest aus alten Treckerreifen oder Paletten selbst bauen - achte hierbei darauf, dass deine Eigenkonstruktion stabil genug ist für das Gewicht deines Pferdes. Auch abgesägte Baumstümpfe oder große Steine, die bei dir auf dem Hof oder unterwegs am Waldrand liegen, können für das Podesttraining mit zwei Beinen genutzt werden.

So geht's:

Um dein Pferd mit der Podestarbeit vertraut zu machen, solltest du dir nicht gleich als Ziel setzen, dass sich dein Pferd mit allen vier Beinen auf das Podest stellt. Dies kommt erst später und braucht einiges an Übung. Im ersten Schritt soll sich dein Pferd nur trauen, die Vorderbeine aufs Podest zu setzen.

Mach dein Pferd zunächst mit dem neuen Trainingstool vertraut. Lass es das Podest beschnuppern und erkennen, dass sich dahinter kein Schreckgespenst verbirgt. Arbeitest du mit Futterlob, kannst du das Interesse am Podest bereits positiv besetzen, indem du für das Beschnuppern und das Interesse an dem Trainingsgerät Leckerli verteilst. So versteht dein Pferd schneller, dass sich die Aufmerksamkeit für das Podest lohnt. Die Bereitschaft für die weitere Mitarbeit steigt.

Hat dein Pferd keine Angst mehr vor dem Podest, darf es das Trainingstool mit seinem Huf abklopfen und den Untergrund auf Standfestigkeit und Stabilität hin überprüfen. Neugierige Pferde machen dies oft schon von allein. Wenn dein Pferd kein Interesse daran hat, kannst du seinen Huf vorsichtig auf das Podest stellen. Das mache ich auch immer wieder bei Pferden, die Unterstützung brauchen - sei es beim Podesttraining, beim Mattentraining oder bei der Wippe. Das sanfte und vorsichtige Platzieren des Hufes gibt dei-

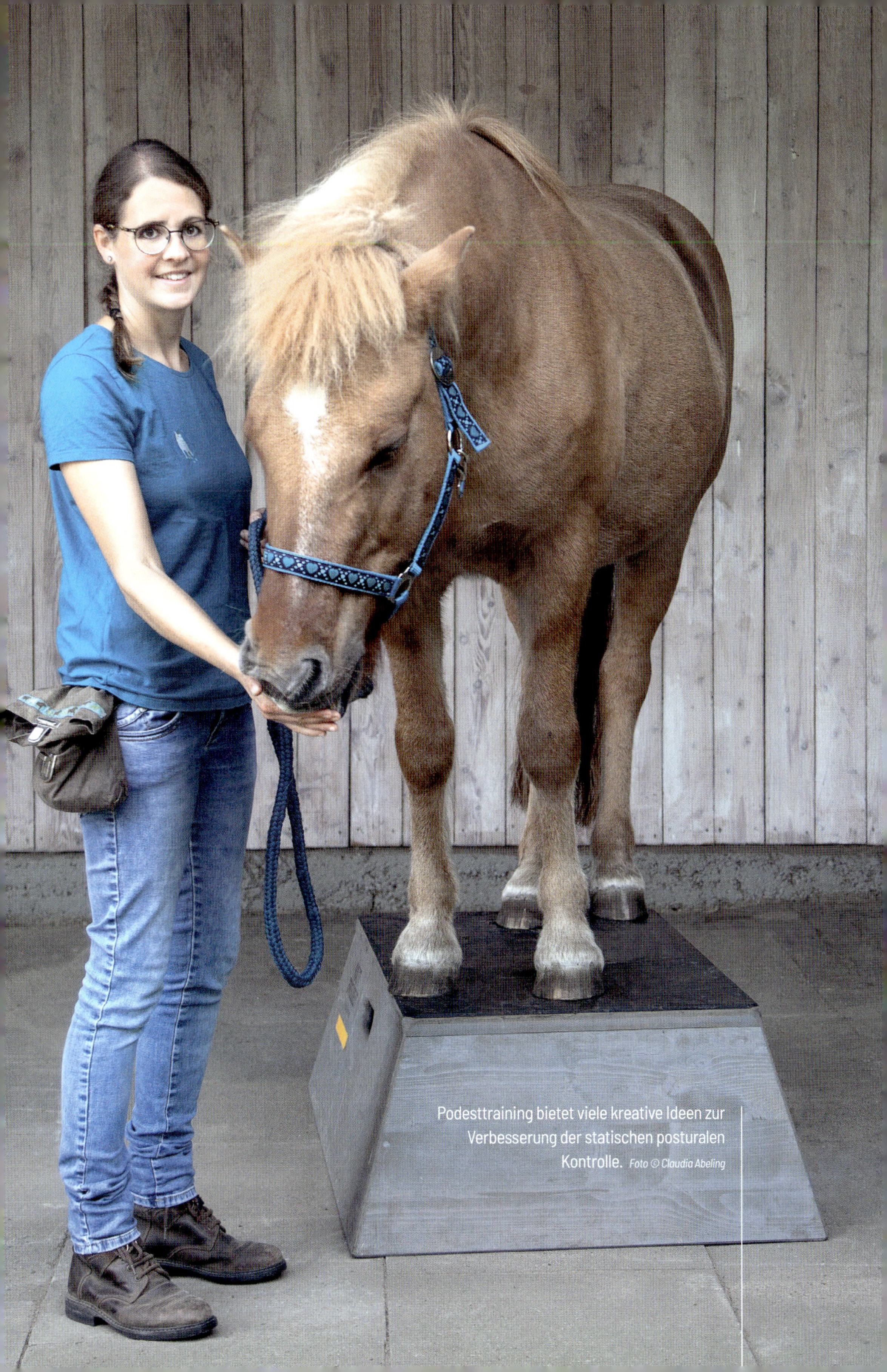

Podesttraining bietet viele kreative Ideen zur Verbesserung der statischen posturalen Kontrolle. *Foto © Claudia Abeling*

nem Pferd einerseits durch die Berührung gezielt sensorischen Input und lenkt die Aufmerksamkeit auf die berührte Gliedmaße, andererseits hilft es dem Pferd zu verstehen, worum es geht. Animiere dein Pferd möglichst mit beiden Hufen das Podest zu erkunden. Pferde haben, genau wie wir Menschen, eine Schokoladenseite. Vieles setzt das Pferd von sich aus mit dem Vorderbein dieser Schokoladenseite um. Beim Sensomotoriktraining geht es um eine Verbesserung der Koordination. Von Anfang an solltest du daher dein Pferd dazu anhalten, das Aufsteigebein abzuwechseln. Dies sorgt für eine bessere neurologische Vernetzung, mehr Bewegungssicherheit und hilft dir zudem später, wenn du gezielt Bewegungen abfragen möchtest.

Hat dein Pferd gemerkt, dass das Podest stabil genug ist, wird es möglicherweise von ganz allein mit beiden Vorderhufen draufsteigen. Wenn es dies nicht macht, kannst du es mit feinen Hilfen auf das Podest locken. Du könntest beispielsweise Impulse am Strick geben sowie deine Stimme und deinen Körper einsetzen, ein Target oder eine Karotte bzw. ein Leckerli zum Locken nutzen. Wichtig: Du solltest auf keinen Fall mit einer Gerte und zu viel Druck versuchen, dein Pferd auf das Podest zu drängen. Zum einen wird dein Pferd das Trainingstool dann mit negativen Emotionen verbinden und zum anderen kann es gefährlich werden, wenn es vor der Gerte auf das Podest flüchtet, ihm aber Balance und Erfahrung fehlen und es dann wieder runterpurzelt. Statt mit Druck zu arbeiten und dein Pferd zu etwas zu zwingen, was es (noch) nicht kann, solltest du lieber herausfinden, was genau deinem Pferd Schwierigkeiten bereitet. Das Hochstemmen des Körpers? Das Betreten einer fremd anmutenden Fläche? In dem Fall könntest du zunächst mit instabilen Untergründen arbeiten, wahlweise mit einer Turnmatte, die du zusammenfaltest, oder mit Fallschutzmatten, die du nach und nach zu einem Podest übereinanderstapelst.

Klappt das Aufsteigen mit den Vorderbeinen, solltest du den Schwierigkeitsgrad nicht direkt erhöhen. Bereits das Stehen mit den Vorderbeinen auf dem Podest hat einen großartigen Trainingseffekt: Dein Pferd hat eine veränderte Unterstützungsfläche, über der es sich ausbalancieren muss. Es muss mit seinem Schwerpunkt spielen und sein Gewicht stärker auf die Hinterhand verlagern. Dein Pferd trainiert seine Raum-Lage-Wahrnehmung und die Orientierung im Raum, schließlich steht es nicht mehr gleichmäßig mit allen vier Hufen auf dem Boden, sondern mit seiner vorderen Körperhälfte erhöht.

In dieser Position hast du bereits verschiedene Variationsmöglichkeiten. Du könntest dein Pferd sein Gewicht mehr auf die Hinterhand verlagern oder crunchen lassen, du könntest dein Pferd animieren, mit der Hinterhand einmal um das Podest zu treten, während die Vorhand stehen bleibt. Du kannst dein Pferd auffordern, einen Spanischen Gruß zu zeigen, du kannst Halsgymnastik machen und du kannst vor das Podest eine Turnmatte legen, sodass dein Pferd mit der Hinterhand auf dem instabilen Untergrund und mit der Vorhand auf dem Podest steht. Darüber hinaus kannst du dein Pferd immer wieder auf- und absteigen lassen, als würde es steppen. Achte hierbei darauf, dass es beim Aufsteigen seine Vorderbeine abwechselt. All dies schult die intra- und intermuskuläre Koordination, verbessert die Balance, die Feinmotorik und das Körpergefühl. Gleichzeitig hat die Arbeit mit dem Podest auch einen stärkenden Charakter, beispielsweise für die Hinterhand.

Hast du ein ausreichend großes Podest und ist dein Pferd bereits mit der Podestarbeit so weit vertraut, dass es mit den Vorderbeinen sicher auf- und absteigt, kannst du üben, dass es sich mit allen vier Beinen auf das Podest stellt. Um ein mögliches Verletzungsrisiko zu minimieren und Stress zu verhindern, empfehle ich dir, dass du zuvor das Stehen auf einer verkleinerten Fläche übst. Erst wenn dein Pferd dies sicher beherrscht und eine Lösung entwickelt hat, wie es sich auf der verkleinerten Standfläche stabilisiert und balanciert, solltest du mit dem Podesttraining starten.

Damit alle vier Hufe auf dem Podest Platz finden, muss dein Pferd mit der Vorhand weiter nach vorne gehen. Nur dann hat es ausreichend Platz für die Hinterhand und kommt nicht in eine überfordernde Situation, indem es mit der Hinterhand mehr oder weniger zwischen die Vorhand tritt. Motiviere dein Pferd, die Hinterbeine auf das Podest zu setzen. Dazu kannst du, je nachdem mit welchem Trainingssystem du arbeitest, die Beine leicht berühren, ein Target nutzen oder die Hufe mit der Hand platzieren. Ich persönlich bin ein Freund davon, die Pferde sich bei so herausfordernden Übungen möglichst frei bewegen zu lassen und eigene Lösungen entwickeln zu lassen. Auch hier gilt: Gib deinem Pferd ausreichend Zeit, um selbstständig eine Lösung zu entwickeln, wie es sich auf das Podest stellen kann.

Mit allen vier Hufen auf dem Podest zu stehen ist eine große koordinative Herausforderung und erfordert vom Fluchttier Pferd viel Mut. Je besser es seinen Körper wahrnehmen und einsetzen kann, desto leichter gelingt es ihm, sich auf dem Podest zu stabilisieren und auszubalancieren.

Kopfbewegungen sorgen für zusätzliche vestibuläre Reize auf dem Podest. *Foto © Karolina Kardel*

Training mit Minipodest

Ein Minipodest ist eine Trainingsalternative zum klassischen Podest. Während dein Pferd ein klassisches Podest mit zwei oder vier Hufen betritt, ist ein Minipodest für einen Huf gedacht. Das Minipodest stellt eine noch größere koordinative Herausforderung und Schulung dar, weil dein Pferd seinen Huf gezielt platzieren muss. Dafür muss es sehr gut abschätzen können, wie viel Platz zwischen ihm und dem Minipodest ist (Orientierungsfähigkeit und Raum-Lage-Wahrnehmung), wie viel Kraft es für die Bewegung seines Beines aufwenden muss, um das Podest zu erreichen und den Huf darauf zu platzieren, wie es sich stabilisieren muss, damit es sich hochstemmen kann, und wie es sich dann in dieser Position auf drei Beinen ausbalanciert. So schult das Minipodest auf ideale Weise die intra- und intermuskuläre Koordination und die statische und dynamische posturale Kontrolle. Das ungewohnte Bewegungsmuster und der bewusste Einsatz des jeweiligen Vorderbeins tragen zu einem besseren Körpergefühl bei.

Das brauchst du:

Du brauchst ein Minipodest. Dieses findest du im Handel. Alternativ kannst du dir ein Minipodest auch aus Holz selbst bauen, einen stabilen Holzstamm oder einen großen Stein bei einem Spaziergang mitnehmen. Von der Größe her sollte das Minipodest etwas größer als der Huf deines Pferdes sein. Wichtig ist, dass es dein Pferd aushält und nicht kippt. Je schwerer das Minipodest ist, desto leichter ist es für dein Pferd, selbstständig draufzusteigen. Ein zu leichtes Minipodest rutscht schnell mal weg, wenn es vom Huf berührt wird. Um ein Wegrutschen zu verhindern, kannst du zum Beispiel eine Gummi- oder Fallschutzmatte unter das Podest legen.

Darüber hinaus brauchst du dein klassisches Bodenarbeitsequipment. Ich empfehle auch hier die Arbeit mit positiver Verstärkung und Futterlob, weil du dein Pferd auf diese Weise besonders gut motivieren kannst, die Bewegungen selbstständig auszuführen. Das selbstständige Betreten des Minipodests ist eine koordinativ höchst anspruchsvolle Leistung.

Das Minipodest für nur einen Huf sorgt für Abwechslung und veränderte Reize. Foto © Andrea Zachrau

So geht's:

Je nach Gewicht und Format deines Minipodests ist es sinnvoll, dass du es auf einem Boden platzierst, auf dem es nicht so leicht wegrutschen kann. Dies kann der Boden der Reithalle oder des Reitplatzes, eine Wiese oder aber auch eine Fallschutzmatte sein, wenn du auf einem ebenen Steinboden arbeitest. Ein stabil stehendes Minipodest erleichtert dir und deinem Pferd den Einstieg ins Training mit Minipodest.

Im ersten Schritt solltest du dein Pferd mit dem Minipodest vertraut machen, indem du es daran schnuppern lässt. Ein Scharren und Erkunden mit dem Huf solltest du nicht oder nur bedingt zulassen, weil es so passieren kann, dass das Trainingsgerät durch die Gegend fliegt, wenn es nicht fest im Boden verankert ist.

Das Betreten einer so kleinen Fläche ist eine große koordinative Herausforderung, die dein Pferd zu Beginn überfordern und stressen kann, weil es nicht weiß, was es machen soll bzw. noch nicht in der Lage ist, deinen Wunsch auszuführen. Mach es deinem Pferd so leicht wie möglich, um eine für euch angenehme Trainingssituation zu schaffen. Ich empfehle dir daher, dass du zunächst den Huf deines Pferdes mit deiner Hand auf dem Minipodest platzierst. Fang mit dem Vorderbein an, von dem du weißt, dass es deinem Pferd am leichtesten fällt. Du platzierst das Vorderbein und belohnst dein Pferd dafür, dass es seinen Huf dort stehen lässt. Warum sage ich das? Viele Pferde neigen dazu, ihr Bein wieder wegzuziehen. Du kannst zusätzlich taktile Reize setzen und das Bein mit deiner Hand abstreichen, um den Fokus der Aufmerksamkeit deines Pferdes auf die Gliedmaße zu lenken. Übe das Platzieren der Hufe mit beiden Vorderbeinen.

Im nächsten Schritt geht es darum, dass sich dein Pferd mit dem jeweiligen Vorderbein hochstemmt. Wenn es dies bereits von der Podestarbeit mit einem größeren Podest oder der Matte kennt, wird es den Transfer zum Minipodest sicher gut schaffen (Umstellungsfähigkeit). Dann kannst du dich freuen und dein Pferd loben.

Sollte dein Pferd nicht wissen, was du von ihm erwartest, kannst du es mit einer Möhre oder einem Target so weit nach vorn-oben locken, dass es mit seinem Huf noch stehen bleibt, gleichzeitig aber sein Gewicht auf das erhöht stehende Bein verlagert und sich somit hochstemmt. Dies belohnst du und signalisierst deinem Pferd auf diese Weise, dass dieses Verhalten genau das ist, was du erwartest. Je nach Pferd kann dieser Trainingsschritt schnell gehen oder aber etwas länger dauern. Gib deinem Pferd die Zeit, die es hierfür braucht. Das Hochstemmen mit einem einzelnen Bein ist keine Bewegung, die im Alltag deines Pferdes vorkommt. Insofern gilt es, das neue Bewegungsmuster bewusst zu erlernen.

Gelingt es dir, dass dein Pferd das Minipodest mit deiner Hilfe betritt und sich hochstemmt, kannst du das Training variieren. Übe beispielsweise das selbstständige Betreten des Minipodests, was eine wirkliche große koordinative Herausforderung ist. Darüber hinaus kannst du das Minipodest zum Steppen nehmen, wie du es vom Mattensteppen in Phase zwei kennst. Hierbei kannst du variieren: Dein Pferd steht wahlweise mit einem Huf auf dem Minipodest, während es den anderen Huf mal in der Luft hat, wenn es sich hochstemmt, und mal auf dem Boden absetzt. Eine weitere Stepper-Variante ist ein Wechsel des jeweiligen Beines: Erst stützt es sich mit dem linken Vorderbein hoch, setzt dann das rechte Vorderbein auf den Boden, steigt vom Minipodest, setzt dann das rechte Vorderbein auf das Minipodest, stützt sich hoch, wechselt dann wieder zum linken Vorderbein usw. Das Minipodest kannst du zudem mit einem instabilen Untergrund kombinieren oder den Spanischen Gruß und die Halsgymnastik zusätzlich einbauen, um noch effektiver die Balance und die statische posturale Kontrolle zu verbessern.

Das Minipodest eignet sich zudem nicht nur für die Vorderbeine: Du kannst es auch für die Hinterhand nutzen und den gezielten Einsatz der Hinterbeine deines Pferdes schulen. Auch hier gilt: Mach es ihm zunächst so leicht wie möglich und platziere den Hinterhuf selbst auf dem Minipodest. Als Königsdisziplin steigt dein Pferd selbstständig mit allen vier Hufen (einzeln) auf das Minipodest. Hierfür ist sehr viel Training und Erfahrung erforderlich.

Das ständige Reagieren auf die Bewegungsreize der Wippe schult u. a. die reaktive Stabilität des Pferdes. *Foto © Andrea Zachrau*

7

PHASE 3:

Dynamische und reaktive Stabilität

Schritte zählen

„Schritte zählen" ist eine meiner Lieblingsübungen zu Beginn einer Trainingseinheit und sie ist gut geeignet, um die statische und die dynamische posturale Kontrolle sowie die reaktive Stabilität deines Pferdes zu verbessern. Du kannst die Übung sowohl vom Boden aus als auch im weiteren Verlauf vom Sattel aus machen. Die Übung klingt sehr leicht, erfordert aber eine gute Koordination und Konzentration. Häufig beobachte ich, dass das Schrittezählen sehr entspannend auf Pferd und Mensch wirkt. Daher ist es für mich ein schöner Einstieg in eine Trainingseinheit.

Das brauchst du:

Du brauchst dein Bodenarbeitsequipment.

So geht's:

Bei dieser Übung führst du dein Pferd auf einer geraden Linie – auf dem Hufschlag des Reitplatzes oder im Gelände auf einem Feldweg – und zählst dabei seine Schritte, indem du das Vorführen der Vorderbeine zählst. Linkes Bein – ein Schritt, rechtes Bein – zwei Schritte, linkes Bein – drei Schritte usw., bis du bei zehn angekommen bist. Dann hältst du an – und zwar genau bei zehn und nicht erst bei zwölf oder fünfzehn. Steht dein Pferd, wartest du einen kurzen Moment, ehe du wieder losgehst und dieses Mal bis neun zählst, um erneut stehen zu bleiben. Danach zählst du bis acht und immer so weiter, bis du bei einem Schritt angelangt bist. Anschließend zählst du wieder hoch bis zehn.

Die Übung „Schritte zählen" klingt simpel, ist aber sehr wirkungsvoll und zu Beginn alles andere als einfach. Ich habe sie schon sehr oft mit Schülern und auf Kursen umgesetzt und das einhellige Feedback war „Das habe ich mir wirklich einfacher vorgestellt". Die Herausforderung beim Schrittezählen: Dein Pferd muss prompt reagieren und anhalten – damit wird die dynamische Stabilität geschult. Auch muss es seine Gliedmaßen gezielt bewegen und sich gut ausbalancieren können. Bewegt sich dein Pferd auf der Vorhand, wird es ihm nicht gelingen, prompt und schrittgenau anzuhalten. Stattdessen wird es immer noch ein oder zwei Beine nachsetzen, um in Balance zu bleiben. Es muss in der Lage sein, seinen Schwerpunkt noch während der Bewegung weiter nach hinten zu verlagern, um punktgenau anhalten zu können. Gleichzeitig soll dein Pferd so stehen bleiben, wie es sich in dem Moment bewegt. Es soll nicht geschlossen anhalten, wie wir es uns normalerweise wünschen. Dadurch lernt es, sich auf unterschiedlichen Unterstützungsflächen besser auszubalancieren. Daher kannst du mit dieser Übung die statische und dynamische posturale Kontrolle und damit Balance und Stabilität deines Pferdes verbessern. Von dieser Übung profitieren vor allem Pferde, die Schwierigkeiten haben mit dem prompten Anhalten oder mit punktgenauen Übergängen. Klappt die Übung gut, kannst du den Schwierigkeitsgrad erhöhen und willkürlich zählen. Mal soll dein Pferd acht Schritte gehen, das nächste Mal drei Schritte und danach vielleicht 15 Schritte.

Weitere Variationsideen: Schritte zählen über mehrere Bodenstangen, festgelegte Strecken in immer der gleichen Schrittlänge gehen, Schritte zählen in höheren Gangarten, Schritte zählen beim seitlichen Übertreten (Schenkelweichen), Schritte zählen beim Reiten u. v. m.

Tempovarianzen

Tempovarianzen sind optimal geeignet, um die dynamische und reaktive Stabilität zu verbessern. Sie lassen sich einfach geführt und geritten durchführen und eignen sich optimal zum Aufwärmen deines Pferdes.

Je langsamer sich dein Pferd bewegen soll, desto besser muss es sich ausbalancieren. Geschwindigkeit stabilisiert – das kennst du sicherlich vom Radfahren. Unausbalancierten Pferden fällt das Schneckentempo daher anfangs sehr schwer. Achte beim Schneckentempo unbedingt darauf, dass sich dein Pferd nicht schief macht und mit der Hinterhand

Tempovarianzen schulen die Koordination und lassen sich überall einbauen: bei der Bodenarbeit, beim Spaziergang und beim Reiten. Fotos © Andrea Zachrau

ausweicht. Geh lieber zwei oder drei ordentliche Schritte und entlasse dein Pferd dann in mehr Dynamik und Dehnung nach vorne. Der Wechsel von langsam zu schnell zu langsam erfordert eine stete Verlagerung des Schwerpunktes, damit dein Pferd deine Anforderungen auch adäquat umsetzen kann.

Die Übung hat nicht nur einen positiven Effekt auf Gleichgewicht, Eigenwahrnehmung und Koordination, sondern sie bringt auch einen großartigen muskulären Trainingseffekt mit: Bei den Übergängen von langsam zu schnell braucht dein Pferd Kraft aus der Hinterhand. Für das aktive Untertreten braucht es seine Bauchmuskeln. Ein Tipp: Achte beim fleißigen Schritt auf eine gut untertretende Hinterhand.

So geht's:

Führe dein Pferd auf dem Hufschlag und variiere das Tempo: Geh eine Viertelseite Schritt im Schneckentempo und anschließend eine halbe Seite fleißigen Schritt mit Energie und großen Schritten. Dann folgt wieder eine Viertelseite Schneckentempo usw. Statt einer Viertelseite kannst du auch eine bestimmte Anzahl an Schritten wählen.

Mehr Variation bringt die Kombination mit Stangen, mit instabilen Untergründen und mit anderen Gangarten. Außerdem lässt sich die Übung auf gebogenen Linien (Volte, Zirkel), im Schenkelweichen und auch geritten durchführen.

Spanischer Schritt

Der Spanische Schritt ist eine großartige Übung zur Verbesserung von Balance, Umstellungsfähigkeit, kinästhetischer Differenzierungsfähigkeit, Reaktionsfähigkeit, Körpergefühl sowie dynamischer und reaktiver Stabilität. Der Spanische Schritt ist die Weiterentwicklung des Spanischen Grußes, den du bereits in Phase zwei kennengelernt hast.

Beim Spanischen Schritt streckt dein Pferd seine Vorderbeine nach vorne oben aus, während es sich im Schritt vorwärtsbewegt.

Der Spanische Schritt schult die dynamische Stabilität und gibt eine neue Bewegungsidee für die Vorhand.

Fotos © Andrea Zachrau

Bei einem „korrekten" Spanischen Schritt, so wie er klassischerweise gelehrt wird, bewegt sich dein Pferd im Viertakt und streckt sein jeweiliges Vorderbein weit nach vorne aus. Das Wort „korrekt" habe ich bewusst in Anführungszeichen gesetzt, weil es in unserem Fall eine untergeordnete Rolle spielt, ob dein Pferd sich im Sinne der klassischen Lehrweise bewegt. Als Übung zur Verbesserung von Balance und Stabilität darf dein Pferd den Spanischen Schritt so ausführen, wie es das zum jetzigen Zeitpunkt am besten kann. Ein Pferd nimmt seine Beine besonders hoch, ein anderes streckt sie eher nach vorne aus. Worauf du allerdings achten solltest, ist, dass sich kein ungesundes Bewegungsmuster einprägt: Dein Pferd sollte beim Anheben seiner Vorderbeine möglichst nicht mit dem Hals zu sehr nach hinten ziehen, weil es dann den Rücken wegdrückt. Abgesehen davon solltest du den Spanischen Schritt als sinnvolles Training der Balancefähigkeit, der Koordination und der Körperwahrnehmung sehen und die neuen Bewegungsideen schätzen, die dein Pferd erhält. Dein Pferd lernt beispielsweise, sich mit seinen Vorderbeinen raumgreifender zu bewegen und gewinnt eine Idee von Schulterfreiheit.

Der Nutzen im Sinne der dynamischen posturalen Kontrolle liegt darin, dass sich beim Ausstrecken des Vorderbeines die Körperfläche deines Pferdes verändert, die es auf der jeweiligen Unterstützungsfläche ausbalancieren muss. Damit dies vor allem auch in der Bewegung gelingt, muss dein Pferd seinen Schwerpunkt weiter nach hinten verlagern und sich hinten stärker tragen. Dies erklärt die versammelnde Wirkung der Übung.

Das brauchst du:
Für diese Übung brauchst du Halfter, Strick sowie, je nach Trainingsart, eine Gerte oder ein Target und einen Clicker sowie Leckerlis.

So geht's:
Um deinem Pferd den Spanischen Schritt beizubringen, sollte es idealerweise mit dem Spanischen Gruß aus Phase zwei vertraut sein und wissen, dass es seine Vorderbeine auf das von dir etablierte Signal hin anheben soll. Klappt dies gut, kannst du in die Bewegung übergehen. Hier ist jedes Pferd anders: Das eine Pferd ist sehr empfindlich und hebt direkt beim Gehen seine Beine nach dem Touchieren der Gerte. Das andere Pferd ignoriert die Gerte und geht einfach weiter. In dem Fall kann es helfen, wenn du dein Pferd zur Polka aufforderst: Hierbei soll es nicht mehr wechselseitig die Vorderbeine heben, sondern nur bei jedem dritten Schritt. So trainierst du gleichzeitig auch die Umstellungsfähigkeit, die Konzentration, die Balance, die kinästhetische Differenzierungsfähigkeit und die Kopplungsfähigkeit.

Dein Pferd wird auf diese Weise schnell verstehen, dass es jetzt nicht mehr nur um das Anheben des Beines geht, sondern auch um die Bewegung nach vorn, und wird dieses neue Bewegungsmuster zunehmend zeigen. Bis der Spanische Schritt sicher sitzt, kann es durchaus einige Wochen dauern.

Gelingt die Übung, kannst du sie variieren: Du kannst beispielsweise aus dem Spanischen Schritt den Spanischen Trab entwickeln, der einer Passage mit mehr oder weniger gestrecktem Bein gleicht. Außerdem lässt sich der Spanische Schritt auch beim Reiten nutzen.

Training mit instabilen Untergründen in der Bewegung

Das Training mit einer Matte bietet im Vergleich zum Training mit Balance-Pads den Vorteil, dass du sie auch für Bewegungsübungen nutzen kannst. In Phase eins und zwei hast du dein Pferd mit der Matte vertraut gemacht und erste Übungen kennengelernt. In Phase drei geht es nun darum, mehr Dynamik ins Mattentraining zu bringen.

Beim Laufen über den instabilen Untergrund trainierst du unter anderem die Umstellungsfähigkeit, denn der Körper muss seinen Muskeltonus und die Kraft, die er für eine Bewegung benötigt, anpassen und die Gelenke entsprechend stabilisieren. Das schult Koordination und Konzentration. Du kannst zum Beispiel beobachten, dass die Beine höher genommen werden und dein Pferd besser untertritt, weil mehr Muskelkraft für die Bewegung auf der instabilen Fläche erforderlich ist, die dann für die weitere Bewegung mitgenommen wird. Vom Gefühl her verhält es sich mit der Bewegung auf der Matte im Vergleich zu einem festen Untergrund für dein Pferd so wie für dich, wenn du am Strand im tiefen Sand läufst.

Das brauchst du:

Du brauchst das gleiche Equipment wie beim Training mit instabilen Untergründen in Phase eins und zwei sowie, bei Bedarf, zusätzliches Equipment wie beispielsweise Stangen.

So geht's:

Selbstverständlich kannst du dein Pferd einfach nur über die Matte führen, wie du es zu Beginn beim Kennenlernen der Matte gemacht hast. Hierfür kannst du die Matte zum Beispiel auf den Hufschlag legen und

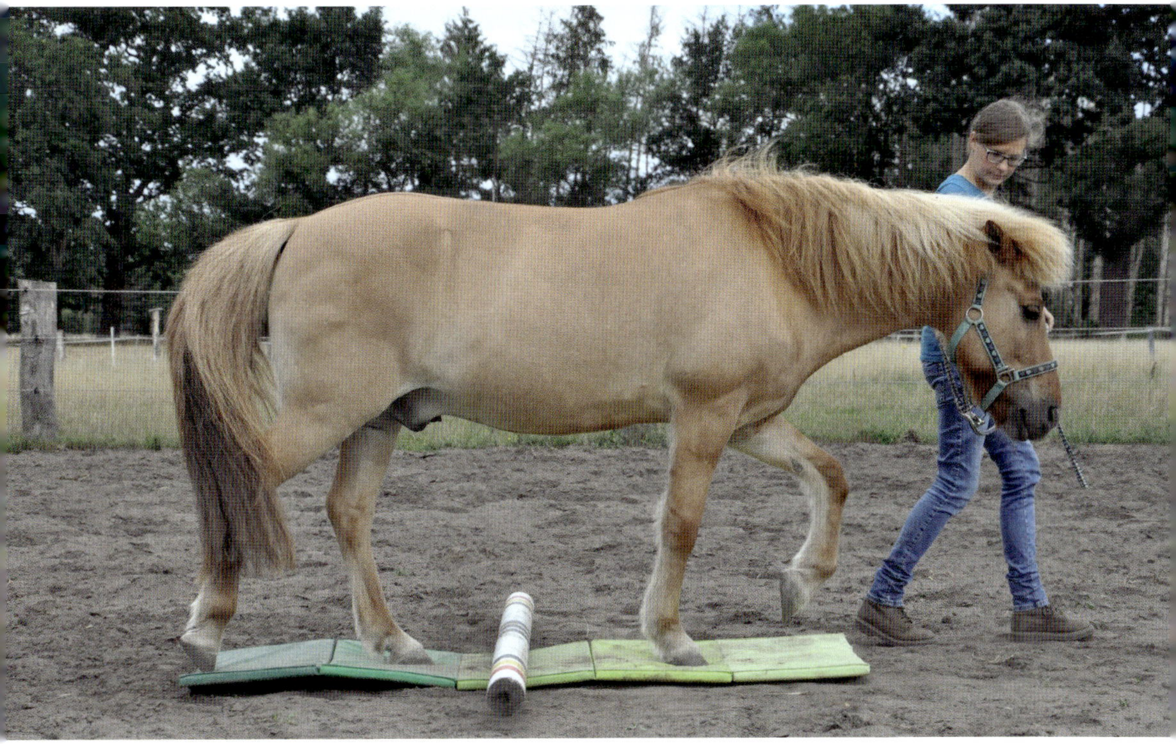

Stangen und instabile Untergründe lassen sich kombinieren und bringen mehr Variabilität in das Training.

Foto © Karolina Kardel

dein Pferd während deiner normalen Trainingseinheit – bei der klassischen Bodenarbeit mit Longe oder Handzügel sowie beim Reiten – drüberschreiten oder -treten lassen. Ob vorwärts im Schritt, Trab oder Galopp, rückwärts, seitwärts, im Schulterherein oder im Travers: Alles ist möglich.

Um die Balancefähigkeit noch stärker zu schulen, kannst du dein Pferd auch bewusst im Schneckentempo über die Matte führen. Schneckentempo erfordert von deinem Pferd eine gute Koordination und Balance, kombinierst du dieses mit einem instabilen Untergrund, erhöht sich der Schwierigkeitsgrad. Außerdem kannst du dein Pferd auf der Matte schaukeln lassen, indem du es drei Schritte vorgehen lässt, anhältst, es drei Schritte zurücktreten lässt und wieder nach vorne gehst. Ebenfalls geeignet ist das Angaloppieren aus dem Stand auf der Matte sowie die Kombination aus Crunch und Antreten nach vorn.

Instabile Untergründe, kombiniert mit Stangen

Turnmatten lassen sich wunderbar mit anderen Trainingstools kombinieren, beispielsweise mit Stangen und Dualgassen. Ob eine Matte unter den Stangen, das Stückeln von Bewegung über eine Stange oder ein Stangen-Zickzack – deiner Kreativität sind hier keine Grenzen gesetzt. Sämtliche Übungen, die ich dir in diesem Buch vorstelle, lassen sich mit Turnmatten kombinieren.

Instabile Untergründe und Reiten

Bisher haben wir das Training mit den instabilen Untergründen vom Boden aus durchgeführt. Doch was vom Boden aus geht, geht auch mit Reiter auf dem Rücken. Ich empfehle dir an dieser Stelle aber ausdrücklich, dass du mit deinem Pferd immer erst vom Boden aus auf der Matte trainieren solltest. Du als Reiter beeinträchtigst die Balance deines Pferdes: Bist du selbst unausbalanciert, bringst du dein Pferd permanent aus dem Gleichgewicht – wenn du jemals ein Kind auf deinen Schultern sitzen gehabt hast, wirst du wissen, was ich meine. Ihr habt zusammen eine andere Statik als jeder für sich allein. An dieses veränderte Körpergefühl muss sich dein Pferd bei jeder unbekannten Aufgaben erst gewöhnen.

Ist dein Pferd mit der Matte vertraut und hat für sich Lösungen entwickeln können, mit der Instabilität umzugehen, kannst du die Matte auch flexibel in dein Reittraining integrieren. Nutzt du die Matte beim Aufsitzen, kann dies deinem Pferd zu mehr Stabilität in dieser instabilen Situation verhelfen. Im Training selbst kannst du dein Pferd zum Beispiel auf der Matte anhalten, eine Gewichtsverlagerung fordern und wieder anreiten. Oder du forderst immer beim Überreiten der Matte einen Übergang (Schritt – Halt – Schritt, Schritt – Trab, Trab – Schritt usw.). Auch kannst du die Matte zum Mittelpunkt einer liegenden Acht machen und dein Pferd immer auf der Matte umstellen. Was vom Boden aus möglich ist, geht auch mit Reiter. Eine Kursteilnehmerin berichtete mir hierzu: „Ich bin jetzt tatsächlich mehrmals mit Matte geritten und es ist der Hammer! Tamin hat beim Antraben/Durchparieren immer gern den Kopf oben und bleibt in den Übergängen nicht in Haltung. Das habe ich jetzt zweimal mit Matte mit ihm gemacht, also Anhalten, Haltung, Schritt, Trab, Schritt. Und yeah! Heute ist er tatsächlich konstanter geblieben. Und der Rücken kriegt eine andere Bewegung. Wenn er aus Versehen in den Tölt kommt, fühlt es sich noch mehr wie aus einem Guss an. Echt krass! Wir haben riesige Freude an der Arbeit!"

Freispiel

Hast du mit deinem Pferd schon einmal eine Art Laufspiel gespielt? Falls nicht, solltest du das unbedingt ausprobieren. Ein wichtiges Merkmal von Spiel ist, dass es keinem Zweck dient. Gespielt wird um des Spielens willen mit intrinsischer Motivation. Dennoch kannst du das Lauf- und Freispiel mit deinem Pferd als sinnvolles und zielgerichtetes Training nutzen - zielgerichtet im Sinne von: Dein Pferd kann Bewegungserfahrungen sammeln und die Bewegungssteuerung üben und verbessern und all dies in einem freudvollen Kontext ohne Druck und Zwang. Dein Pferd kann seine koordinativen Fähigkeiten weiterentwickeln und durch die Anpassung des Schwierigkeitsgrads lernen, komplexe Bewegungsaufgaben sinnvoll zu lösen. Ein Beispiel ist die Gewichtsverlagerung auf die Hinterhand: Schnelle Richtungswechsel fordern und fördern die Reaktionsfähigkeit, die Umstellungsfähigkeit und die Balancefähigkeit. Bewegt sich dein Pferd auf der Vorhand, wird es nicht in der Lage sein, sich mal eben schnell auf der Hinterhand umzudrehen. Hierfür muss es gelernt haben, sich ausbalanciert zu bewegen, und eine gute dynamische posturale Kontrolle entwickeln. Ist dein Pferd aber in der Lage, sich kurzerhand auf der Hinterhand umzudrehen, wird es in der Folge auch in der Lage sein, gesetzter anzugaloppieren oder sich insgesamt mehr zu versammeln.

Bewegungsspiele müssen nicht immer Freiarbeit bedeuten. Sie lassen sich auch in die Bodenarbeit einbauen.

Foto © Andrea Zachrau

Spielen bringt die verschiedensten Bewegungsanforderungen mit sich und ist daher ein großartiges Koordinationstraining. Dies liegt vor allem an den unterschiedlichen Bewegungsanforderungen, die das freie Spiel mit sich bringt: Dein Pferd muss sich motorisch spontan und gezielt auf neue Bewegungsreize einstellen (Richtungs- und Tempowechsel, Stopps usw.). Somit unterstützt das Spiel fast von allein motorische und koordinative Lernprozesse und verbessert die Anpassungsfähigkeit an spontan auftretende Bewegungsanforderungen.

Natürlich spielt ein Pferd nicht einfach so mit dir und du solltest ein paar Punkte berücksichtigen. So brauchst du zum Beispiel einen motivierenden Anreiz, damit dein Pferd mit dir spielt: Pferde sind als Fluchttiere von Natur aus wahre Energiesparer. Auch wenn dein Pferd Freude am Spiel mit seinen Herdengenossen empfindet, wird es vielleicht nicht einfach mit dir spielen. Hier kann dir neben deiner eigenen Motivation und positiver Energie, die du auf dein Pferd überträgst, auch das Training mit positiver Verstärkung helfen, um die Motivation deines Pferdes, mitzumachen und sich anzustrengen, zu steigern.

Das brauchst du:

Um mit deinem Pferd zu spielen, brauchst du, je nach Trainingsform, die du nutzt, neben einem Halfter auch ein Target mit einem langen Stab, Futterlob und einen Clicker. Zudem empfehle ich dir im weiteren Verlauf des Spielens den Aufbau eines Sicherheitsbereiches mit mobilen Weidepfählen und Litze, weil, je nach Pferdetyp, eine Dynamik entsteht, die ein gewisses Risiko mit sich bringen kann. Hierfür steckst du dir auf dem Reitplatz einen kleinen Zirkel ab. In diesem sicheren Bereich kannst du dich bewegen und mit deinem Pferd gemeinsam laufen, während es sich außerhalb dieses Bereiches aufhält. Warum schlage ich dies so deutlich vor? Weil es sein kann, dass dein Pferd bei den Laufspielen so viel Dynamik und Motivation entwickelt, dass es anfängt zu springen, zu bocken oder zu steigen – ähnlich, wie du es sicherlich schon gesehen hast, wenn dein Pferd in seiner Herde mit anderen Pferden spielt. Und damit du keinen Huf abbekommst, hilft ein solcher Sicherheitsbereich.

So geht's:

Beim Freispiel geht es darum, gemeinsam mit deinem Pferd zu laufen. Am besten funktioniert dies, wenn du mit viel eigener Energie und Bewegungsfreude arbeitest und Futterlob benutzt. Du läufst ein paar Schritte und wenn dein Pferd zu dir kommt oder mitläuft, lobst du es. Arbeitest du mit positiver Verstärkung, kannst du beim Laufen das Target nutzen. Achte darauf, dass du ein Target mit möglichst langem Stab hast, damit du nicht aus Versehen von einem Huf getroffen oder umgerannt wirst.

Wichtig: Erwarte vor allem am Anfang nicht zu viel. Beim Spiel gibt es nämlich die umgekehrte Situation des klassischen Trainings (Umstellungsfähigkeit): Normalerweise soll dein Pferd vor dir weichen. In diesem Fall soll es zu dir laufen bzw. mit dir gemeinsam laufen. Dies ist eine neue Situation, an die sich dein Pferd nicht nur erst gewöhnen, sondern die es auch verstehen muss.

Hat dein Pferd verstanden, worum es geht, kannst du das Laufspiel sehr dynamisch gestalten, indem du spontane Stopps und Richtungswechsel einbaust, auf die dein Pferd prompt reagieren kann.

Auch wenn du dich über die neue Energie freust, die dein Pferd beim Spiel entwickelt: Achte darauf, dass du deinem Pferd immer wieder Pausen gibst, um sein Energielevel ein wenig runterzufahren. Hierfür eignet sich beispielsweises die Matte.

Crunches, kombiniert mit Bewegung

In Phase zwei hast du die Crunches kennengelernt als Übung zur Verbesserung der statischen posturalen Kontrolle. In Phase drei geht es nun darum, vom Crunch in die Bewegung zu kommen. Auf diese Weise verbesserst du nicht nur die dynamische posturale und reaktive Stabilität sowie die intra- und intermuskuläre Koordination, dein Pferd bekommt zudem ein Gefühl dafür, dass sein Motor hinten sitzt. Mein Sleipi zum Beispiel hat mithilfe der Kombination von Crunch und Bewegung gelernt, aus dem Stand heraus anzugaloppieren und es fällt ihm leichter, gesetzter und mit mehr Aufwärtstendenz zu galoppieren.

Das brauchst du:

Du brauchst das gleiche Equipment, das du für die Crunches nutzt.

So geht's:

Ziel ist, dass dein Pferd lernt, aus dem Crunch nach vorne hin anzutreten. Auf diese Weise nimmt es die Energie, die es hinten aufbaut, wenn es seine Hanken beugt, mit in die Bewegung nach vorn. Es entsteht eine Art Katapulteffekt. So entwickelt es Kraft mit der Hinterhand und lernt, dass sein Motor hinten sitzt.

Hat dein Pferd das Crunchen gelernt, geht es nun darum, ihm zu erklären, dass es nach vorne antreten soll. Dies gelingt am besten, wenn du dich gemeinsam mit deinem Pferd nach vorne bewegst. In den meisten Fällen reicht dies aus, um das Pferd zu dieser Bewegung zu motivieren. Alternativ kannst du die Bewegung nach vorn mit einem Target erarbeiten. Gelingt das Antreten aus dem Stand, kannst du damit in deinen klassischen Trainingseinheiten spielen: Lass dein Pferd zum Beispiel bei der Arbeit an der Longe immer mal wieder anhalten, einen Crunch machen und wieder loslaufen. Bitte beachte, dass diese Übung belastend sein kann. Fordere daher nicht zu viele Wiederholungen am Stück.

Berührungen in der Bewegung

Berührungen können deinem Pferd dabei helfen, seine Körpergrenzen bewusster wahrzunehmen und infolgedessen seinen Körper besser einzusetzen. Mehr zur Wirkung der Berührungen und wie du Berührungen gezielt nutzen kannst, hast du bereits in Phase eins auf Seite 71 gelernt. Berührungen kannst du aber nicht nur beim stehenden Pferd einsetzen, du kannst sie auch in der Bewegung nutzen.

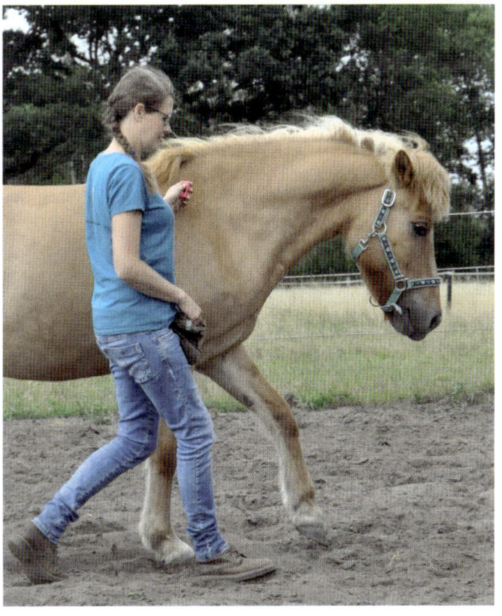

Berührungen tragen zu einer bewussteren Bewegung bei. Foto © Karolina Kardel

Das brauchst du:
Du brauchst selbst nur deine Hände – idealerweise trägst du keine Handschuhe.

So geht's:
Während dein Pferd neben dir herläuft – sei es frei oder am Strick –, berührst du es, indem du zum Beispiel deine dem Pferd zugewandte Hand sanft und ohne Druck auf dem Widerrist oder dem Rücken ablegst. Du kannst dafür sorgen, dass dein Pferd den Fokus der Aufmerksamkeit auf diese Körperregion richtet und sich bewusster und balancierter bewegt. Durch den für dein Pferd nach hinten gerichteten Fokus wird es auch automatisch seinen Körperschwerpunkt ein wenig mehr nach hinten ausrichten. So hilft diese Berührung deinem Pferd, sich ausbalancierter und stabiler zu bewegen. Verknüpft dein Pferd das Berühren des Widerrists mit der Übung „Crunches", kannst du durch das Berühren in der Bewegung bewirken, dass es sich vorn mehr anhebt.

Übe dies zunächst im Schritt auf beiden Händen. Du kannst mit deinem Pferd auf diese Weise sowohl auf dem Hufschlag als auch auf Volten und Zirkeln laufen. Wichtig ist, dass du immer beide Seiten berücksichtigst und dein Pferd nicht nur auf einer Hand und immer nur von links führst und berührst.

Training mit Stangen

In Phase zwei hast du Stangentraining zur Verbesserung der statischen Stabilität genutzt. In Phase drei geht es darum, wie du mit Stangentraining die dynamische und reaktive Stabilität sowie Balance, Takt, Umstellungsfähigkeit, Versammlungsfähigkeit, Feinmotorik deines Pferdes schulen und verbessern kannst.

Legst du Stangen im gleichen Abstand, kannst du damit die Rhythmisierungsfähigkeit

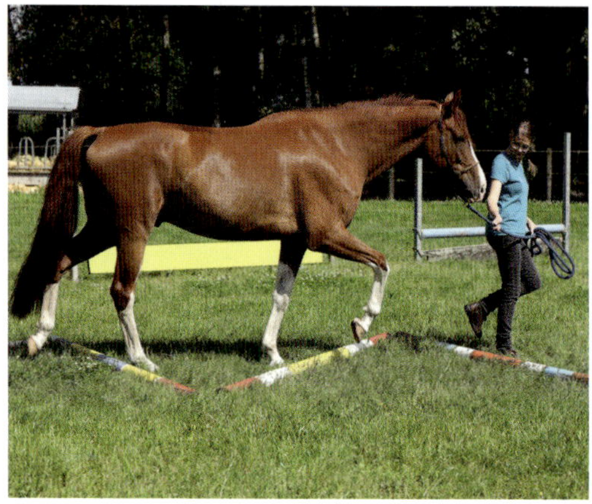

Zickzack-Stangen schulen durch neue Bewegungsmuster die koordinativen Fähigkeiten. Foto © Andrea Zachrau

und damit den Takt deines Pferdes verbessern. Variabel eingesetzt, forderst und förderst du weitere koordinative Fähigkeiten deines Pferdes und die intra- und intermuskuläre Koordination optimal.

Das brauchst du:
Für das Stangentraining brauchst du Stangen oder Dualgassen.

So geht's:
Das Stangentraining lässt sich in einem Satz zusammenfassen: Du führst, longierst oder reitest dein Pferd über Stangen, die auf dem Boden oder auf Erhöhungen liegen. Im Schritt kann die höchste Stange etwa Sprunggelenkshöhe haben, um von deinem Pferd gut überstiegen werden zu können.

Dein Pferd soll die Stangen übersteigen, ohne anzustoßen. Stößt dein Pferd mit seinen Hufen an die Stangen an, achte darauf, mit welchem Huf es immer wieder anstößt. Fällt es dir schwer, das zu erkennen, kannst du deine Handykamera zu Hilfe nehmen und dich bei der Durchführung der Übung filmen. Erkennst du, welches Bein oder welche Beine

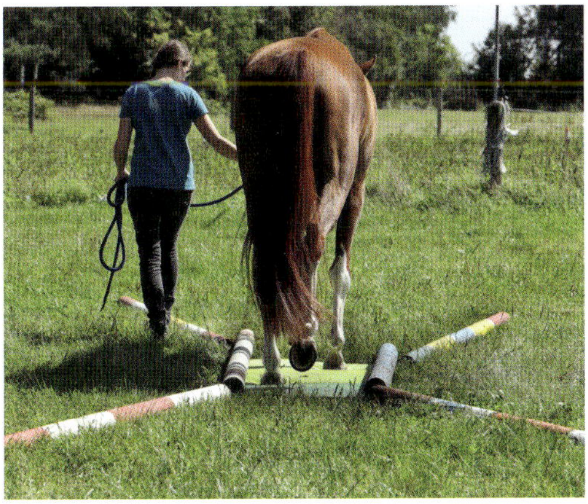

Für mehr Variabilität kannst du in die Gasse des Stangentrichters auch eine Matte legen. *Foto © Andrea Zachrau*

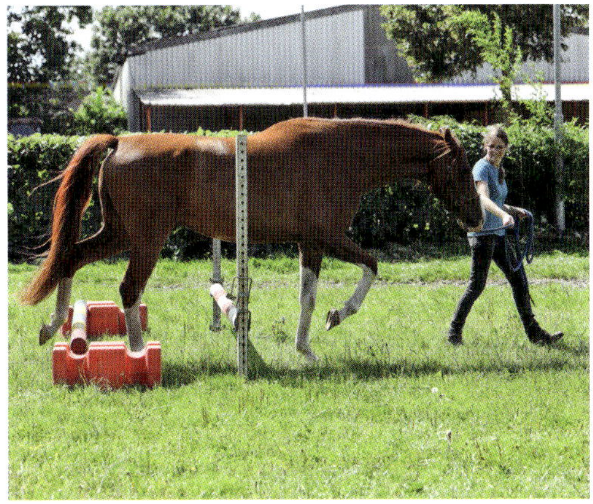

Dank der unterschiedlichen Höhen fördert die Stangentreppe Koordination und dynamische Stabilität. *Foto © Andrea Zachrau*

immer wieder anstoßen, kannst du ggf. Übungen aus Phase eins nutzen und beispielsweise an dieser Gliedmaße taktile Reize setzen (Pferdebeinwaschstraße, berühren, Huf abklopfen) oder das Bein auf einem instabilen Untergrund abstellen. So bringst du diesen Körperteil stärker ins Bewusstsein deines Pferdes und kannst die Bewegung verbessern. Sollte dein Pferd weiterhin Schwierigkeiten beim Übersteigen der Stangen haben, kontaktiere den Tierarzt oder Therapeuten deines Vertrauens und finde gemeinsam mit ihm die Ursache.

Stangen-Zickzack

Warum dein Pferd immer nur über gerade Stangen treten lassen? Leg die Stangen doch einfach mal in einem Zickzack hin. Das Zickzack-Muster schult unter anderem die Umstellungsfähigkeit, kinästhetische Differenzierungsfähigkeit (Feinmotorik), den bewussten Einsatz der einzelnen Gliedmaßen, die Balance und insgesamt die Körperwahrnehmung deines Pferdes. Um in die Zwischenräume zu treten, muss dein Pferd mit jedem Bein einen unterschiedlich großen Schritt machen. Indem du das gewohnte Muster der Stangenarbeit mit immer gleichen Abständen und gerade liegenden Stangen veränderst, muss sich dein Pferd wieder mehr konzentrieren, um gezielt über die Stangen zu treten.

Das brauchst du:

Du benötigst mindestens vier Stangen, die du im Zickzack-Muster hinlegst.

So geht's:

Du führst dein Pferd mehrmals (drei- bis fünfmal) über die Stangen. Dabei führst du dein Pferd mal von links und mal von rechts.

Für mehr Variabilität kannst du die Zickzack-Stangen mit instabilen Untergründen kombinieren, die du wahlweise unter die Stangen oder vor bzw. hinter die Stangen legst. Alternativ kannst du einen Koordinationsparcours aufbauen und das Stangen-Zickzack um eine Stangentreppe, einen Stangentrichter oder eine einzelne Stange ergänzen, um die Bewegung zu stückeln oder zu steppen. Auch könntest du Tempovarianzen abfragen und die Abstände unterschiedlich groß legen. Der Aufbau lässt sich zudem in eine Longeneinheit und beim Reiten integrieren.

Stangentrichter

Die Übung „Stangentrichter" spricht den Orientierungssinn an und hilft Pferden, die Probleme mit Engstellen haben. Dein Pferd lernt, dass es durch eine Enge gehen kann. Gleichzeitig nimmt es unterschiedliche Raumweiten wahr, was dazu beiträgt, die Raum-Lage-Wahrnehmung und die Orientierungsfähigkeit zu verbessern. Um den Effekt nachempfinden zu können, empfehle ich dir, dass du selbst einmal durch den Stangentrichter läufst. Darüber hinaus verbessert diese Übung die Balance im Sinne der dynamischen posturalen Kontrolle und die Trittsicherheit: Je enger du die Gasse legst, desto besser muss dein Pferd sich balancieren und spurig geradeaus laufen können.

Das brauchst du:
Für den Stangentrichter brauchst du sechs Stangen, die du trichterförmig aneinanderlegst. Dein Pferd trägt sein Bodenarbeitsequipment.

So geht's:
Du führst dein Pferd durch den Trichter in die enge Gasse und wieder heraus. Dies wiederholst du drei- bis fünfmal und variierst dabei die Richtung und die Seite, von der du dein Pferd führst. Um mehr Variabilität in die Übung zu bringen, kannst du die Gasse auch mit einer Matte kombinieren, über die dein Pferd laufen muss. Dies verstärkt den Fokus auf die Balance. Auch kannst du eine erhöhte Stange in die Gasse legen, die dein Pferd übersteigen muss.

Stangentreppe

Die Stangentreppe schult die Koordination deines Pferdes unter anderem im Sinne der dynamischen und reaktiven Stabilität, der Umstellungsfähigkeit, der Orientierungsfähigkeit und der kinästhetischen Differenzierungsfähigkeit. Durch die verschiedenen Höhen der Stangen muss dein Pferd seine Beine unterschiedlich hochnehmen - und zwar nicht nur so, dass Vorhand und Hinterhand die gleiche Hindernishöhe übersteigen, sondern auch so, dass Vor- und Hinterhand unterschiedlich hochgenommen werden müssen.

Das brauchst du:
Für die Stangentreppe brauchst du mehrere Stangen und verschiedene Cavalettiblöcke und Stangenauflagen. Mit diesem Equipment baust du eine Stangentreppe auf. Du fängst mit einer Bodenstange an. Die folgende Stange liegt auf einer leichten Erhöhung. Die nächste Stange liegt wieder ein bisschen höher. Diesen Treppenaufbau kannst du beliebig fortführen. Wichtig hierbei ist aber, dass dein Pferd flüssig über die erhöhten Stangen gehen kann. Sie dürfen daher nicht zu hoch sein.

So geht's:
Du führst dein Pferd im Schritt über die Stangentreppe. Dies kannst du drei- bis fünfmal wiederholen. Variiere dabei die Seite, auf der du dein Pferd führst.

Für mehr Variabilität kannst du die Treppe nach der höchsten Stange im gleichen Abstand und mit den gleichen Höhen wieder absteigen lassen. Auch könntest du die unterschiedlichen Höhen nicht gestaffelt nacheinander, sondern durcheinander aufbauen. Alternativ kannst du die Stangentreppe mit einem instabilen Untergrund kombinieren, den du vor oder zwischen die Stangen legst. Dies fordert noch einmal im besonderen Maße die Balance- und Umstellungsfähigkeit.

Training mit Pferdewippe

Die Pferdewippe ist ein Trainingstool, mit dem du optimal unterschiedliche vestibuläre Reize setzen und den Gleichgewichtssinn sowie das propriozeptive System deines Pferdes ansprechen kannst. Beim Wippen muss sich dein Pferd noch stärker als auf einer Matte ausbalancieren und sein Gleichgewicht immer wieder neu herstellen. So wird nicht nur der Gleichgewichtssinn geschult, sondern auch die (Halte-)Muskulatur deines Pferdes effektiv trainiert. Je nach Art des Wippens werden verschiedene Muskeln unterschiedlich stark angesprochen. Nicht sehen kannst du die Tiefenmuskulatur, die beim Wippen sehr viel arbeiten muss. Doch auch Bewegungsmuskeln wie die Bauch-, Brust- und Hinterhandmuskeln werden beim Wippen gefordert und trainiert. So wird die Rumpfstabilität verbessert und damit die gesamte Bewegungskoordination optimiert: Je stabiler der Rumpf, desto besser die Koordination.

Pferdewippen gibt es in unterschiedlichen Ausführungen: für zwei Beine, für vier Beine, mit Kufen und mit einem Rundholz. Bei den Ganzkörperwippen steht dein Pferd mit seinem gesamten Körper auf der Wippe, während es bei der Zweibeinwippe nur mit seinen Vorder- oder seinen Hinterbeinen auf der Wippe steht und wippt. Kufenwippen ermöglichen eine nicht endende, fließende Bewegung. Bei Wippen mit einem Rundholz stoppt die Wippbewegung in der Regel mit Berühren des Bodens. Beide Arten von Wippen kannst du in deinem Training nutzen und beide Wippen sprechen Gleichgewicht und Eigenwahrnehmung an. Der Vorteil bei den klassischen Trailwippen ist, dass du mit deinem Pferd vorwärts und rückwärts darüberlaufen oder darüberreiten kannst. Dabei sprichst du nicht nur den Gleichgewichtssinn an, sondern schulst unter anderem die dynamische posturale Kontrolle, Umstellungsfähigkeit, die kinästhetische Differenzierungsfähigkeit, die Reaktionsfähigkeit, die Kopplungsfähigkeit und insgesamt die Koordination deines Pferdes.

Bei meiner Arbeit nutze ich ausschließlich Kufenwippen, wie sie von der Pferdetrainerin Nina Steigerwald entwickelt wurden.[39] Die Kufenwippe bringt im Vergleich zur Trailwippe sehr viele Vorteile mit sich, weshalb ich bevorzugt mit ihr arbeite.

Ein großer Vorteil ist, dass eine Kufenwippe keinen Aufschlag auf den Boden erzeugt. Beim Aufschlag des Wippenendes auf den Boden wird jede Menge Energie freigesetzt, die letztlich immer wieder zurück in den Pferdekörper geht und nicht nur unangenehm sein, sondern auf Dauer auch die Gelenke belasten kann, die diese Energie abfedern und kompensieren müssen. Die Kufenwippe dagegen kommt nicht oder nicht so stark mit den Enden auf dem Boden auf. Dadurch ist diese Art des Wippens wesentlich gelenkfreundlicher.

Darüber hinaus ist das Wippen auf einer Kufenwippe herausfordernder für dein Pferd und hat einen größeren Trainingseffekt, weil die Wippe ständig in Bewegung ist. Allein das ruhige Stehen auf der Wippe fordert die Balancefähigkeit deines Pferdes heraus und aktiviert und kräftigt effektiv die Tiefenmuskulatur. Zudem erreichen diese Mikrobewegungen auch tiefer liegendes Fasziengewebe,

[39] Vgl. Steigerwald, Nina: True Horse Agility. Gymnastizierung mit Spaß und Schwung. Müller Rüschlikon, 2019, S. 93

Wippentraining ist ein Ganzkörpertraining: Die Rumpfmuskulatur wird gekräftigt und die Koordination verbessert. *Fotos © Andrea Zachrau*

lösen dort Verspannungen und haben so einen entspannenden Effekt.

Ganz gleich, ob du eine Trailwippe nimmst oder eine Kufenwippe – wichtig ist, dass die Wippe ausreichend Stabilität besitzt und nicht kaputtgeht, wenn dein Pferd mit seinem gesamten Gewicht draufsteht. Insbesondere günstige Eigenbauten sind häufig weder besonders stabil noch feuchtigkeitsresistent. Eine Wippe, die du für das Training mit einem Pferd benutzen möchtest, sollte beides sein, damit du ein sicheres Trainingstool hast.

So positiv die Effekte des Wippens auch sind, so gibt es dennoch Situationen, in denen du auf das Wippen mit deinem Pferd verzichten solltest. Hierzu gehören sämtliche entzündliche Prozesse im Bereich des Bewegungsapparates, ein akuter Sehnenschaden und andere Beeinträchtigungen im Bereich der Gliedmaßen. Solltest du dir unsicher sein, halte vor dem Training Rücksprache mit deinem Tierarzt. Hast du ein hypermobiles Pferd, solltest du das Wippentraining sehr behutsam und kleinschrittig angehen, um deinem Pferd die Chance zu geben, ausreichend Stabilität für das Wippen entwickeln zu können.

Ganzkörperwippe

Beim Wippen werden schwerpunktmäßig der Gleichgewichtssinn und die Eigenwahrnehmung angesprochen, schließlich reagiert dein Pferd mit Bewegung (Muskelarbeit) auf vestibuläre Reize.

Dein Pferd lernt aber nicht nur, wie es sich auf einer instabilen Fläche ausbalanciert, es lernt auch, dass sein großer Körper auf einer kleinen, begrenzten Fläche Platz findet (Raum-Lage-Wahrnehmung, Orientierungsfähigkeit). Eine der größten Herausforderungen für die allermeisten Pferde, mit denen ich bisher gearbeitet habe, ist das Stehen auf der kleinen Fläche – und dies unabhängig von der Instabilität. Je kleiner die Unterstützungsfläche, also je kleiner die Wippe, desto besser muss sich dein Pferd ausbalancieren und mit seinem Schwerpunkt spielen können. Kommt dann auch noch Instabilität hinzu, steigt der Stressfaktor. Aus diesem Grund sollte das Wippentraining gründlich vorbereitet werden.

Die Wippe kannst du auf zwei unterschiedliche Arten einsetzen: als passives Trainingstool und als aktives Trainingstool.

Ist die Wippe ein passives Trainingstool, steht dein Pferd auf der instabilen Fläche, die du selbst mit einem Fuß oder deinem ganzen Körper in Bewegung setzt. Dein Pferd reagiert hierbei auf die von außen einwirkenden, nicht vorhersehbaren vestibulären Reize, indem es sich entsprechend stabilisiert, um stabil stehen bleiben zu können. Diese Übung ist vor allem für Pferde hilfreich, die Probleme haben, mit dem Anhänger zu fahren, denn das passive Wippen simuliert quasi das Fahren im Pferdeanhänger, wobei die Pferde auch permanent und adäquat auf die vielen vestibulären Reize reagieren und ihr Gleichgewicht halten und wiederherstellen müssen.

Setzt du die Wippe als aktives Trainingstool ein, bringt dein Pferd sie selbst mit seinem (stehenden) Körper in Bewegung. Auch hier entstehen starke vestibuläre Reize. Diese sind für dein Pferd aber vorhersehbarer, weil es sie selbst erzeugt. Wenn du die Wippe als aktives Trainingsgerät einsetzt und dein Pferd gelernt hat, die Wippe selbst zu bewegen, hast du einen fantastischen Effekt in Sachen Körpergefühl, Balance und Muskelkräftigung.

Um die Wippe zu bewegen, gibt es für dein Pferd zwei Möglichkeiten:

- **Möglichkeit eins:** Dein Pferd verlagert seinen Schwerpunkt, bringt Gewicht auf die Hinterhand und beugt seine Hanken – es cruncht sozusagen auf der Wippe. Hierbei findet keine fließende Wippbewegung statt. Der Fokus liegt darauf, durch die Gewichtsverlagerung und die Hankenbeugung die Wippe nach hinten-unten zu bringen.
- **Möglichkeit zwei:** Dein Pferd bringt die Wippe mittels sogenannter Wipp-Wapps[40] in Bewegung. Dabei entsteht eine fließende, andauernde Wippbewegung und dein Pferd wippt nach hinten und nach vorn.

Beide Wipp-Varianten sind wertvoll für dein Pferd. Während die Variante mit den Crunches und der Hankenbeugung spielerisch die Versammlungsfähigkeit deines Pferdes fördert, stellen die Wipp-Wapps in meinen Augen koordinativ eine größere Herausforderung dar. Sie sehen zwar nicht so imposant aus, durch ein permanentes An- und Abspannen der Muskulatur bei gleichzeitiger Schwerpunktverlagerung hast du einen besonders wirksamen Trainingseffekt auf die intra- und intermuskuläre Koordination.

Das brauchst du:

Für das Training mit einer Ganzkörperwippe brauchst du eine Kufenwippe, die groß genug ist, dass dein Pferd in seiner Gesamtheit darauf stehen kann. Für den Anfang brauchst du zudem Stabilisatoren, beispielsweise zwei oder mehr Gymnastikmatten, Balance-Pads oder Holzklötze. Damit verhinderst du zu große Bewegungsausschläge, die dein Pferd zu Beginn des Trainings überfordern könnten und Stress auslösen. Je nach Trainingsart brauchst du außerdem einen Clicker und Futterlob.

So geht's:

Bevor du motiviert mit dem Wippentraining startest, möchte ich dir eine wichtige Sache mitgeben: Sei nicht zu ehrgeizig und mach dir und deinem Pferd keinen Druck. Bei meinen Kursen mache ich immer wieder die Erfahrung, dass Pferdebesitzer am liebsten sofort mit ihren Pferden auf die Ganzkörperwippe steigen und wippen möchten. Von außen betrachtet sieht das Wippen nicht schwer aus. Die Erfahrung zeigt aber, dass ein nicht ausreichend vorbereitetes Betreten einer nicht stabilisierten Wippe in den meisten Fällen für Überforderung und Stress beim Pferd sorgt.

Der Trainingsgrundsatz lautet immer: von leicht zu schwer, von stabil zu instabil. Deswegen empfehle ich dir folgende Vorgehensweise:

- **Instabilität kennenlernen.** Im ersten Schritt solltest du dein Pferd mit einer instabilen Fläche vertraut machen. Vor dem Wippen solltest du mit deinem Pferd das Training mit instabilen Untergründen aus Phase eins und Phase zwei durchlaufen haben.
- **Die Unterstützungsfläche verkleinern.** Ist dein Pferd mit dem Stehen auf einem instabilen Untergrund vertraut, beginnst du, langsam und Schritt für Schritt, die Standfläche zu verkleinern, indem du die Matte zusammenfaltest. Auch die Arbeit mit einem Podest kann dir hier helfen.
- **Betreten der stabilisierten Wippe.** Sobald dein Pferd sicher auf einer verkleinerten instabilen Fläche stehen kann, darf es die

[40] Vgl. Steigerwald, Nina: True Horse Agility. Gymnastizierung mit Spaß und Schwung. Müller Rüschlikon, 2019, S. 101

stabilisierte Wippe betreten. Zum Stabilisieren eignen sich zum Beispiel Holzklötze, Balance-Pads oder Turnmatten. Trotz der Stabilisierung ist eine gewisse Instabilität vorhanden und es finden permanent Mikrobewegungen statt, die es auszubalancieren gilt.

- **Stabilität verringern.** Betritt dein Pferd die stabilisierte Wippe ohne Probleme, findet dort genug Halt und Stabilität und geht ohne Stress wieder runter, kannst du langsam die Stabilität verringern. Achte darauf, dass sich durch die zunehmende Instabilität der Ausschlag der Wippe vergrößert.

Je nachdem, wie vertraut dein Pferd bereits mit instabilen Untergründen ist, dauert es mehrere Trainingseinheiten, bis es sicher, stabil und entspannt auf der Wippe stehen kann. Gib deinem Pferd diese Zeit. Überforderst du es, ist die Wippe emotional negativ behaftet und das wäre schade. Denn damit vergibst du dir und deinem Pferd selbst die Chance, von diesem großartigen Trainingstool zu profitieren. Erst wenn dein Pferd absolut entspannt auf die nicht mehr stabilisierte Wippe steigen kann, beginnt das eigentliche Wippen – wahlweise passiv oder aktiv.

Wenn du nicht mit Futterlob und positiver Verstärkung arbeitest, kannst du dein Pferd zum Wippen bringen, indem du es auf der Wippe stehend zu einer Gewichtsverlagerung im Stand nach hinten anregst. Hierfür gibst du von vorn einen sanften Impuls. Ganz wichtig ist, dass dein Pferd vorab gelernt hat, auf diesen Impuls hin sein Gewicht zu verlagern. Dein Pferd darf keinen Schritt nach hinten machen. In dem Fall würde es womöglich von der Wippe runtertreten, was ein gewisses Verletzungsrisiko mit sich bringen kann. Daher solltest du auf eine Gerte zur Unterstützung verzichten. Meiner Erfahrung nach sorgt die Gerte dafür, dass die Pferde anfangen zu trippeln und die Wippe so in Bewegung bringen, nicht aber über den bewussten Einsatz ihres Körpers, wie wir es haben wollen. Was du beim Training ohne positive Verstärkung auch nicht erreichst, sind Bewegungen, die dein Pferd von sich aus macht – zumindest habe ich dies in all den Jahren nicht erlebt. Hierfür fehlt meiner Erfahrung nach die Motivation. In der Regel stehen die Pferde auf der Wippe und warten ab. Auf diese Weise hat die Wippe selbstverständlich ebenfalls einen großen Trainingseffekt für das Gleichgewicht, die Koordination und die Eigenwahrnehmung.

Möchtest du, dass dein Pferd die Wippe von sich aus bewegt, empfehle ich dir das Training mit positiver Verstärkung. Die Vorgehensweise bezüglich des Wippens mit Hankenbeugung bzw. Crunches ist, dass du die Crunches zunächst vom Boden aus trainierst und sie dann auf die Wippe verlagerst. Möchtest du daraus übergehen zu den Wipp-Wapps, musst du deinem Pferd mithilfe deines Futterpunktes oder eines Targets erklären, dass es nun nicht mehr nur darum geht, den Schwerpunkt nach hinten zu verlagern und nach hinten zu wippen, sondern dass es auch nach vorn wippen soll. Du belohnst also nicht mehr nur die Gewichtsverlagerung nach hinten, sondern auch nach vorn. Anfangs sind es oft nur minimale Nuancen, die du aber unbedingt sehen und belohnen solltest. Hat dein Pferd verstanden, dass sich die Aufgabe verändert hat, gehst du dazu über, nicht mehr jede einzelne Wippbewegung zu belohnen. So kannst du nach und nach die Wipp-Frequenz erhöhen, um mehrere Wippbewegungen am Stück zu erhalten.

Ein nicht zu unterschätzender Vorteil bei der Arbeit mit dem Clicker und Futterlob besteht außerdem darin, dass dir dein Pferd auf diese Weise ein sehr gutes Feedback geben kann, wenn es ihm zu anstrengend wird. Möchte es von selbst die Wippe verlassen oder zeigt keine Wippbewegungen mehr, kann sich also keine weitere Belohnung verdienen, ist dies für dich ein deutliches Signal, dass du die Trainingseinheit unterbrechen und eine Pause einlegen oder insgesamt beenden solltest.

Zweibeinwippe

Die Zweibeinwippe schult Balance und Gleichgewicht. Während die Ganzkörperwippe Vor- und-zurück- sowie Auf-und-ab-Bewegungen fordert, geht es bei der Zweibeinwippe mehr um laterale Auf-und-ab-Bewegungen. Dein Pferd verlagert seinen Schwerpunkt also nicht von vorn nach hinten, sondern von links nach rechts und nutzt hierfür wahlweise die Vor- oder die Hinterhand. Das Training mit der Zweibeinwippe verbessert unter anderem die statische und dynamische posturale Kontrolle, Balance und Gleichgewicht, kinästhetische Differenzierungsfähigkeit und Trittsicherheit. Und genau wie die Ganzkörperwippe auch, hat die Zweibeinwippe einen kräftigenden und stärkenden Effekt auf die Muskulatur deines Pferdes. Sie trainiert unter anderem sehr effektiv den Rumpftrageapparat, weil dein Pferd seine Brust- und Bauchmuskulatur braucht, um die Wippe mit der Vorhand zum Wippen zu bringen. Durch die gezielte Gewichtsverlagerung nach links und rechts entwickelt dein Pferd eine Bewegungslösung, wie es sich im Stand und in der Bewegung besser ausbalancieren und sein Körpergewicht gezielter auf seine vier Gliedmaße verteilen kann. Dies hilft ihm beim Hufegeben und dem Stehen auf einer veränderten Unterstützungsfläche ebenso wie beim Laufen auf gerader oder gebogener Linie. Hat dein Pferd Probleme, beim Longieren oder Reiten sich auf dem Zirkel zu bewegen, kann regelmäßiges Training mit der Zweibeinwippe helfen. Sie bietet deinem Pferd eine Bewegungslösung, wenn es seine Balance verliert. Auch bei Pferden, die häufig stolpern oder balancebasierte Taktprobleme haben, ist das Training mit der Zweibeinwippe eine sinnvolle und nachhaltige Unterstützung.

Darüber hinaus hat die Zweibeinwippe einen weiteren nicht zu unterschätzenden Effekt auf die Körperwahrnehmung: Beim Wippen mit der Vorhand gleiten die Schulterblätter am Brustkorb entlang nach oben und nach unten. Dies ist eine Bewegung, die im Bewegungsalltag deines Pferdes eher selten auftritt. Diese Bewegung gibt nicht nur ein neues Gefühl für die Vorhand, die nur muskulär mit dem Rumpf verbunden ist, sondern mobilisiert, kräftigt und entspannt gleichermaßen die beteiligten myofaszialen Strukturen.

Beim Zweibeinwippen mit der Hinterhand kommt es aufgrund der Beckenbewegung zu einer Mobilisierung des Kreuzdarmbeingelenks, der Lendenwirbelsäule und der Brustwirbelsäule. Diese Bewegungsidee unterstützt unter anderem das aktive Untertreten. Das Wippen mit der Hinterhand ist für viele Pferde eine große Herausforderung, die bereits beim Betreten der Wippe beginnt: Dein Pferd kann die Wippe unter sich nicht sehen. Entweder muss es die Wippe mit seinem Hinterhuf ertasten und so herausfinden, wie es den Huf platzieren muss, um sicheren Halt zu finden, oder es braucht ein sehr gutes Gefühl für seinen Körper und eine sehr gute Raum-Lage-Wahrnehmung. Allein das Betreten der Wippe mit der Hinterhand fordert und fördert daher die Koordination und das Körpergefühl deines Pferdes bereits optimal und bringt den häufig vergessenen Hinterteil des Körpers wieder mehr ins Bewusstsein zurück.

Um dem Pferd das Betreten der Wippe zu erleichtern, können Berührungen und das Platzieren des Hufes helfen.

Foto © Andrea Zachrau

Das brauchst du:

Für das Training mit einer Zweibeinwippe brauchst du eine Zweibeinwippe - idealerweise eine Kufenwippe. Für den Anfang brauchst du zudem Stabilisatoren, beispielsweise zwei oder mehr Balance-Pads oder Holzklötze, mit denen du große Bewegungsausschläge verhindern kannst. Dein Pferd trägt sein Bodenarbeitsequipment.

So geht's:

Bevor du das Wippentraining startest, sollte dein Pferd in der Lage sein, mit seinen Vorderbeinen - und seinen Hinterbeinen, wenn es um das Wippen mit der Hinterhand geht - sicher eine kleine begrenzte Fläche zu betreten. Dies kannst du zum Beispiel mit einem Podest üben. Dein Pferd sollte außerdem sicher mit zwei Vorder- oder Hinterhufen auf einer instabilen Fläche stehen. Hierfür kannst du die zusammengefaltete Gymnastikmatte nutzen, wie du es in der Übung „Mattenpodest" in Phase zwei bereits kennengelernt hast. Sollte dein Pferd anfangs noch Schwierigkeiten haben, seinen Huf gezielt zu platzieren, darfst du helfen und den Huf deines Pferdes auf der Wippe platzieren.

Sobald dies sicher gelingt, kannst du dazu übergehen, das Training mit der Zweibeinwippe zu starten. Am Anfang solltest du die Wippe noch stabilisieren und zunächst das sichere Auf- und Absteigen üben. Sobald dies gelingt, kannst du langsam die Stabilität reduzieren.

Im ersten Schritt soll dein Pferd lediglich die Instabilität ausgleichen und sich selbst stabilisieren können. Dies ist für die meisten Pferde eine sehr große Herausforderung und sie verlieren ihre Balance, sobald die Wippe sich zu einer Seite hinbewegt. Aus diesem Grund ist es wichtig, die Stabilität langsam und Schritt für Schritt wegzunehmen, damit dein Pferd direkt eine Bewegungslösung entwickeln und diese auch auf die zunehmende Instabilität übertragen kann.

Sobald dein Pferd sicher die nicht stabilisierte Wippe betreten und auf ihr stehen kann, kannst du mit dem passiven Wippen beginnen. Hierfür bringst du die Zweibeinwippe mit deinem Gewicht in Bewegung. Hierfür braucht es keine großen Bewegungsausschläge, auch kleine Bewegungen fordern und fördern die Balance und die statische posturale Kontrolle deines Pferdes: Dein Pferd muss sich stabilisieren, um diese Bewegung ausbalancieren zu können. Achte darauf, dass du dein Pferd mit der nicht vorhersehbaren Dysbalance nicht überforderst. Es soll immer die Chance haben, sich adäquat stabilisieren zu können, ohne in Stress zu geraten.

Möchtest du, dass dein Pferd die Zweibeinwippe aktiv und von sich aus wippt, solltest du, genau wie beim Wippen mit der Ganzkörperwippe, das Clickertraining nutzen. Mithilfe unterschiedlicher Futterpunkte oder einem Target kannst du dein Pferd zur Gewichtsverlagerung nach links und nach rechts animieren. Wichtig ist, dass du, wenn dein Pferd verstanden hat, dass es für die Wippbewegung belohnt wird und diese gefordert ist, dazu übergehst, dass es Kopf und Hals mittig hält und das Wippen über die gezielte Gewichtsverlagerung auf die Gliedmaßen nicht über Kopf und Hals initiiert. Auch soll die Wippbewegung nicht über ein Hochnehmen und Absetzen des Hufes erzeugt werden, sondern über die aktive Gewichtsverlagerung.

Gelingt das Wippen mit der Vorhand und dein Pferd weiß, worum es geht, kannst du das Wippen mit der Hinterhand üben. Meiner Erfahrung nach gelingt der Bewegungstransfer von Vorhand zu Hinterhand sehr gut, wenn das Wippen mit der Vorhand sicher sitzt. Dein Pferd wird wissen, worauf es ankommt. Herausfordernder ist hingegen das Betreten der

Wippe und die eigentliche Bewegungsumsetzung: Welcher Muskel muss was tun, damit die gewünschte Wippbewegung erzeugt wird? Eine auf ganzer Linie inter- und intrakoordinative Herausforderung für dein Pferd.

Um es deinem Pferd leichter zu machen, mit der Hinterhand die Wippe zu betreten und diese auch zu bewegen, kannst du mit einem Körperband arbeiten, das den Fokus deines Pferds durch die taktilen Reize, die das Körperband setzt, auf die Hinterhand lenkt. Ein konkretes Beispiel aus dem Trainingsalltag mit meinem Sleipi: Sleipi fiel es lange Zeit sehr schwer, selbstständig und ohne meine Unterstützung mit der Hinterhand die Zweibeinwippe zu betreten. Er konnte zwar seine Hufe abstellen, er stieg aber nie drauf. Ihm half am Ende eine Kombination aus Matte für die Vorhand und Körperband dabei, die Hinterbeine gezielter zu setzen und die Zweibeinwippe zu betreten.

Gelingt das Training mit der Zweibeinwippe, lässt sie sich abwechslungsreich ins Training integrieren. Du kannst sie mit einer Turnmatte kombinieren, indem du dein Pferd zum Beispiel mit der Vorhand auf der Wippe und mit der Hinterhand auf der Matte stehen lässt. Auch kannst du die Wippe in eine klassische Bodenarbeitseinheit integrieren. Du könntest dein Pferd beispielsweise während einer Longeneinheit immer mal wieder auf die Wippe stellen, damit es ihm mit der dort gewonnenen Stabilität sowie dem Bewegungs- und Körpergefühl leichter fällt, sich auf gebogener Linie auszubalancieren. Dies gilt für die Zweibeinwippe ebenso wie für die Ganzkörperwippe. In Bezug auf die Bewegung auf gebogener Linie ist der Effekt der Zweibeinwippe jedoch wirksamer und hilfreicher.

Wipperfahrene Pferde, die schon sicher auf der Zweibeinwippe sind, können auch zweifach wippen und mit Vor- und Hinterhand auf jeweils einer Zweibeinwippe stehen.

Das Training mit der Zweibeinwippe kann Pferden helfen, die Schwierigkeiten haben, sich auf gebogenen Linien auszubalancieren. Foto © Andrea Zachrau

8

WIE GEHT ES WEITER?

Du hast mit deinem Pferd die meisten Übungen der drei Phasen des Sensomotoriktrainings durchlaufen und fragst dich jetzt: Wie geht es weiter?

Obwohl ich den Trainingsaufbau in drei Teile untergliedert habe, gibt es kein Ende, das es zu erreichen gilt. Mir geht es darum, dich dafür zu sensibilisieren, auch mal andere Wege einzuschlagen und Out-of-the-Box zu denken, wenn dir und deinem Pferd etwas nicht gelingt und ihr in eurem Training feststeckt und nicht weiterkommt. Vielleicht braucht dein Pferd in dem Moment einfach einen anderen Input, um sich und seinen Körper besser wahrnehmen und einsetzen zu können. Indem du am Problem arbeitest, ohne am Problem zu arbeiten, kannst du nicht nur Frust, Unzufriedenheit und Stress vermeiden, sondern möglicherweise sogar die Motivation deines Pferdes erhöhen, mit dir gemeinsam komplexe Übungen zu trainieren, die du heute noch für unmöglich hältst. Hätte mir vor ein paar Jahren jemand gesagt, dass Sleipi den Tölt für sich entdeckt und mit großer Begeisterung steigt, hätte ich das nicht geglaubt. Und so wie mir mit meinem Sleipi kann es auch dir mit deinem Pferd gehen.

Die von mir vorgestellten Übungen liefern einen kleinen Einblick in das Sensomotoriktraining. Mit ein wenig Kreativität werden dir sicherlich viele weitere Trainingsideen einfallen. Die meisten Übungen lassen sich auch kombinieren, sodass du zum Beispiel regelmäßig einen Koordinationsparcours mit immer anderen Übungen aufbauen kannst. Vielleicht steht deine Turnmatte während der Sommermonate, wo du viel ins Gelände gehst, ein halbes Jahr unbenutzt in der Sattelkammer. Das macht nichts. Holst du sie im Winter wieder hervor, um dein Pferd auch bei Dunkelheit sinnvoll zu beschäftigen, holst du die eingeschlafenen Synapsen aus ihrem Dornröschenschlaf und hast direkt wieder einen positiven Trainingseffekt. Denk immer daran: Unbenutzte Wege wuchern zu und werden von der Datenautobahn zu Trampelpfaden, während umgekehrt der Trampelpfad zur Datenautobahn werden kann, wenn er regelmäßig genutzt wird.

Ich wünsche dir und deinem Pferd ganz viel Freude beim gemeinsamen Training!

9

VERWENDETE UND WEITERFÜHRENDE LITERATUR

Ayres, A. Jean: **Bausteine der kindlichen Entwicklung.** Springer Verlag, 2. Ed. 1992

Denois, Jean-Marie & Pailloux, Jean-Pierre: **Physiotherapie und Massage bei Pferden.** Ulmer, 2. Ed. 2000

Diemer, Frank & Sutor, Volker: **Trainingstherapie II.** Thieme Verlag, 2010

Dosdall, Christina & Guter-Wycisk, Kathrin: **Angst & Stress beim Pferd. Symptome, Ursachen, Training.** Müller Rüschlikon, 2021

Fisher, Anne G. / Murray, Elizabeth A. / Bundy, Anita C.: **Sensorische Integrationstherapie. Therapie und Praxis.** Berlin, Heidelberg, Springer Verlag, 1998

Häfelinger, Ulla & Schuba, Violetta: **Koordinationstherapie. Propriozeptives Training.** Meyer & Meyer Verlag, 4. Ed. 2002

Hassenstein, B. & Kirkilionis, E.: **Der menschliche Säugling - Nesthocker, Nestflüchter oder Tragling? Wissenschaft und Fortschritt.** Zeitschrift für interdisziplinäres Denken 42 (1), 1992, S. 24-28

Hood, Robyn & Pretty, Mandy: **Gut gewickelt für Pferde. Tellington-Körperbänder für Leistungsfähigkeit, Wohlbefinden und Gesundheit.**

Jones, Janet L.: **Horse Brain, Human Brain. Erkenntnisse aus der Neurowissenschaft – Wie Pferd & Mensch denken, fühlen, handeln.** Kosmos, 2022

Kahle, Werner & Frotscher, Michael:

Taschenatlas Anatomie. Nervensystem und Sinnesorgane. Thieme Verlag, 11. Ed. 2013

Katzenberger-Schmelcher/Katzenberger: **Ergotherapie für Pferde. Basissinne schulen – Koordination und Wahrnehmung verbessern.** Thieme Verlag, 2019

Kiesling, Ulla: **Sensorische Integration im Dialog. Verstehen lernen und helfen, ins Gleichgewicht zu kommen.** Verlag modernes Lernen, 4. Aufl. 2003

Krehbiehl, Mirjam: **Anatomie der rostralen und caudalen Tasthaare beim Sambischen Riesengraumull** (Fukomys mechowii) **- Sinushaare oder Leithaare?** Hannover 2010

Laube, Wolfgang: **Sensomotorisches System. Physiologisches Detailwissen für Physiotherapeuten.** Thieme Verlag, 2009

Lienhard, Lars: **Training beginnt im Gehirn. Mit Neuroathletik die sportliche Leistung verbessern.** riva Verlag, 3. Ed. 2020

Lubetzki, Marc. **Im Kreis der Herde. Von wilden Pferden lernen.** Frankh Kosmos Verlags GmbH, 2019

Max-Planck-Gesellschaft: **Synapsen – Beständigkeit im Wandel**, 2014 https://www.mpg.de/8123221/wachstum_von_synapsen, abgerufen am 20.04.2023

Meyer, W.: Haut und Hautorgane. In: Wissdorf, H., Gerhards, H., Huskamp, B. (Hrsg.): **Praxisorientierte Anatomie des Pferdes.** Schaper Verlag, 1998

Möller, Katharina & Weingand, Claudia: **Trainingstherapie. Zurück zur Bewegungsfreude nach Verletzungen, Lahmheiten & Co.** Müller Rüschlikon, 2021

Nölke, Marc: **Neuroathletik für Reiter. Das Neuro-Rider-Trainingsprogramm.** Kosmos, 2022

Rindermann, Dana Dr.: **Mach mich stark. Mit dem Clicker bis zur Hohen Schule.** Cadmos, 2021

Schleip, Robert: **Faszien Fitness. Vital, elastisch, dynamisch in Alltag und Sport.** riva Verlag, 2. Ed. 2015

Steigerwald, Nina: **True Horse Agility. Gymnastizierung mit Spaß und Schwung.** Müller Rüschlikon, 2019

Tellington-Jones, Linda: **Tellington Training für Pferde. Das große Lehr- und Praxisbuch.** Kosmos, 2007

Wendt, Marlitt: **Vertrauen statt Dominanz. Wege zu einer neuen Pferdeethik.** Cadmos, 2010

Wieland, Michaela / Schebsdat, Claudia / Rentsch, Jörn: **Bewegungsapparat Pferd. Praxisbezogene Anatomie und Biomechanik.** Thieme Verlag, 2. Ed. 2018

Zeitler-Feicht, Margit H.: **Handbuch Pferdeverhalten. Ursachen, Therapien und Prophylaxe von Problemverhalten.** Ulmer, 3. Ed. 2015

Zimmer, Renate: **Handbuch der Sinneswahrnehmung. Grundlagen einer ganzheitlichen Erziehung.** Herder, 6. Ed. 1998

www.intrinzen.horse, abgerufen am 27.04.2023